"十三五"普通高等教育本科部委级规划教材

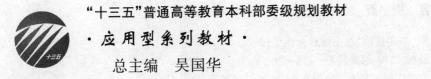

·应用型系列教材·

总主编 吴国华

纺织服装材料学

刘刚中 王 晓 主 编

闫 琳 高晓艳 副主编

U0241507

中国纺织出版社

内 容 提 要

《纺织服装材料学》一书从多角度出发，系统地介绍了纺织纤维、纱线、织物的种类、形态、结构、性能特征、成形和加工对其性能的影响，测量和评价的依据与基本方法以及毛皮、皮革、服装辅料的种类、性能特点，同时还介绍了新型纺织材料以及有关服装的维护和保养的知识。针对当今社会流行风尚变化日益加速，本教材还融入了较多流行信息的收集、分析、预测等。

本书是一本集纺织、服装、流行趋势于一体的新型应用型教材，适用于纺织、服装专业，可作为纺织服装类院校教材，也可供有关教师、科研单位及企业技术人员参考。

图书在版编目（CIP）数据

纺织服装材料学/刘刚中，王晓主编. －－北京：中国纺织出版社，2017.8

"十三五"普通高等教育本科部委级规划教材．应用型系列教材

ISBN 978 – 7 – 5180 – 3728 – 5

Ⅰ．①纺… Ⅱ．①刘… ②王… Ⅲ．①纺织纤维—高等学校—教材 ②服装—材料—高等学校—教材 Ⅳ．①TS102 ②TS941.15

中国版本图书馆 CIP 数据核字（2017）第 151527 号

策划编辑：孔会云　　责任编辑：朱利锋　　责任校对：王花妮
责任设计：何　建　　责任印制：何　建

中国纺织出版社出版发行
地址：北京市朝阳区百子湾东里 A407 号楼　邮政编码：100124
销售电话：010—67004422　传真：010—87155801
http://www.c-textilep.com
E-mail：faxing@c-textilep.com
中国纺织出版社天猫旗舰店
官方微博 http://weibo.com/2119887771
三河市延风印装有限公司印刷　各地新华书店经销
2017 年 8 月第 1 版第 1 次印刷
开本：787×1092　1/16　印张：11.75
字数：233 千字　定价：48.00 元

凡购本书，如有缺页、倒页、脱页，由本社图书营销中心调换

一、应用型高校转型呼唤应用型教材建设

教学与生产脱节,很多教材内容严重滞后于现实,所学难以致用。这是我们在进行毕业生跟踪调查时经常听到的对高校教学现状提出的批评意见。由于这种脱节和滞后,造成很多毕业生及其就业单位不得不花费大量时间进行"补课",既给刚踏上社会的学生无端增加了很大压力,又给就业单位白白增添了额外培训成本。难怪学生抱怨"专业不对口,学非所用",企业讥讽"学生质量低,人才难寻"。

2010年颁布的《国家中长期教育改革和发展规划纲要(2010—2020年)》指出,要加大教学投入,重点扩大应用型、复合型、技能型人才培养规模。2014年,《国务院关于加快发展现代职业教育的决定》进一步指出,要引导一批普通本科高等学校向应用技术类型高等学校转型,重点举办本科职业教育,培养应用型、技术技能型人才。这表明国家已发现并着手解决高等教育供应侧结构不对称问题。

2014年3月,在中国发展高层论坛上有关领导披露,教育部拟将600多所地方本科高校向应用技术、职业教育类型转变。这意味着未来几年,我国将有50%以上的本科高校(2014年全国本科高校1202所)面临应用型转型,更多地承担应用型人才,特别是生产、管理、服务一线急需的应用技术型人才的培养任务。应用型人才培养作为高等教育人才培养体系的重要组成部分,已经被提上国家重要的议事日程。

"兵马未动、粮草先行"。应用型高校转型要求加快应用型教材建设。教材是引导学生从未知进入已知的一条便捷途径。一部好的教材既是取得良好教学效果的关键因素,又是优质教育资源的重要组成部分。它在很大程度上决定着学生在某一领域发展起点的远近。在高等教育逐步从"精英"走向"大众"直至"普及"的过程中,加快教材建设,使之与人才培养目标、模式相适应,与市场需求和时代发展相适应,已成为广大应用型高校面临并亟待解决的新问题。

烟台南山学院作为大型民营企业——南山集团投资兴办的民办高校,与生俱来就是一所应用型高校。2005年升本以来,学校依托大企业集团,坚定不移地实施学校地方性、应用型的办学定位,坚持立足胶东,着眼山东,面向全国;坚持以工为主,工管经文艺协调发展;坚持产教融合、校企合作,培养高素质应用型人才,初步形成

了自己校企一体、实践育人的应用型办学特色。为加快应用型教材建设，提高应用型人才培养质量，今年学校推出的包括"应用型教材"在内的"百部学术著作建设工程"，可以视为烟台南山学院升本10年来教学改革经验的初步总结和科研成果的集中展示。

二、应用型本科教材研编原则

应用型本科作为一种本科层次的人才培养类型，目前使用的教材大致有两种情况：一是借用传统本科教材。实践证明，这种借用很不适宜。因为传统本科教材内容相对较多，教材既深且厚。更突出的是其与实践结合较少，很多内容理论与实践脱节。二是延用高职教材。高职与应用型本科的人才培养方式接近，但毕竟人才培养层次不同，它们在专业培养目标、课程设置、学时安排、教学方式等方面均存在很大差别。高职教材虽然也注重理论的实践应用，但"小才难以大用"，用高职教材支撑本科人才培养，实属"力不从心"，尽管它可能十分优秀。换句话说，应用型本科教材贵在"应用"二字。它既不能是传统本科教材加贴一个应用标签，也不能是高职教材的理论强化，应有相对独立的知识体系和技术技能体系。

基于这种认识，我认为研编应用型本科教材应遵循三个原则：一是实用性原则。教材内容应与社会实际需求相一致，理论适度、内容实用。通过教材，学生能够了解相关产业企业当前的主流生产技术、设备、工艺流程及科学管理状况，掌握企业生产经营活动中与本学科专业相关的基本知识和专业知识、基本技能和专业技能，以最大限度地缩短毕业生知识、能力与产业企业现实需要之间的差距。烟台南山学院的《应用型本科专业技能标准》就是根据企业对本科毕业生专业岗位的技能要求研究编制的一个基本教学文件，它为应用型本科有关专业进行课程体系设计和应用型教材建设提供了一个参考依据。二是动态性原则。当今社会科技发展迅猛，新产品、新设备、新技术、新工艺层出不穷。所谓动态性，就是要求应用型教材应与时俱进，反映时代要求，具有时代特征。在内容上应尽可能将那些经过实践检验成熟或比较成熟的技术、装备等人类发明创新成果编入教材，实现教材与生产的有效对接。这是克服传统教材严重滞后于生产、理论与实践脱节、学不致用等教育教学弊端的重要举措，尽管某些基础知识、理念或技术工艺短期内并不发生突变。三是个性化原则。教材应尽可能适应不同学生的个体需求，至少能够满足不同群体学生的学习需要。不同的学生或学生群体之间存在的学习差异，显著地表现在对不同知识理解和技能掌握并熟练运用的快慢及深浅程度上。根据个性化原则，可以考虑在教材内容及其结构编排上既有所有学生都要求掌握的基本理论、方法、技能等"普适性"内容，又有满足不同的学生或学生群体不同学习要求的"区别性"内容。本人以为，以上原则是研编应用型本科教材的特征使然，如果能够长期坚持，则有望逐渐形成区别于研究型人才培养的应用型教材体系和特色。

三、应用型本科教材研编路径

1. 明确教材使用对象

任何教材都有自己特定的服务对象。应用型本科教材不可能满足各类不同高校的教学需求,它主要是为我国新建的包括民办高校在内的本科院校及应用技术型专业服务的。这是因为:近10多年来我国新建了600多所本科院校(其中民办本科院校420所,2014年数据)。这些本科院校大多以地方经济社会发展为其服务定位,以应用技术型人才为其培养模式定位,其学生毕业后大部分选择企业单位就业。基于社会分工及企业性质,这些单位对毕业生的实践应用、技能操作等能力的要求普遍较高,而不苛求毕业生的理论研究能力。因此,作为人才培养的必备条件,高质量应用型本科教材已经成为新建本科院校及应用技术类专业培养合格人才的迫切需要。

2. 加强教材作者选择

突出理论联系实际,特别注重实践应用是应用型本科教材的基本特征。为确保教材质量,严格选择研编人员十分重要。其基本要求:一是作者应具有比较丰富的社会阅历和企业实际工作经历或实践经验,这是研编人员的阅历要求。二是主编和副主编应选择长期活跃于教学一线、对应用型人才培养模式有深入研究并能将其运用于教学实践的教授、副教授或工程技术人员,这是研编团队的领袖要求。主编是教材研编团队的灵魂,选择主编应特别注重考察其理论与实践结合能力的大小,以及他们是"应用型"学者还是"研究型"学者的区别。三是作者应有强烈的应用型人才培养模式改革的认可度,以及应用型教材编写的责任感和积极性,这是写作态度要求。四是在满足以上条件的基础上,作者应有较高的学术水平和教材编写经验,这是学术水平要求。显然,学术水平高、编写经验丰富的研编团队,不仅能够保证教材质量,而且对教材出版后的市场推广也会产生有利的影响。

3. 强化教材内容设计

应用型教材服务于应用型人才培养模式的改革。应以改革精神和务实态度,认真研究课程要求,科学设计教材内容,合理编排教材结构。其要点包括:

(1)缩减理论篇幅,明晰知识结构。应用型教材编写应摒弃传统研究型或理论型人才培养思维模式下重理论、轻实践的做法,确实克服理论篇幅越来越大、教材越编越厚、应用越来越少的弊端。一是基本理论应坚持以必要、够用、适用为度,在满足本课程知识连贯性和专业应用需要的前提下,精简推导过程,删除过时内容,缩减理论篇幅;二是知识体系及其应用结构应清晰明了、符合逻辑,立足于为学生提供"是什么"和"怎么做";三是文字简洁,不拖泥带水,内容编排留有余地,为学生自我学习和实践教学留出必要的空间。

(2)坚持能力本位,突出技能应用。应用型教材是强调实践的教材,没有"实践"、不能让学生"动起来"的教材很难取得良好的教学效果。因此,教材既要关注并反映职业技术现状,以行业、企业岗位或岗位群需要的技术和能力为逻辑体系,又要适应未来一段时期技术推广和职业发展要求。在方式上应坚持能力本位、突出技能应用、突出就业导向;在内容上应关注不同产业的前沿技术、重要技术标准及其相关的学科专业知识,把技术技能标准、方法程序等实践应用作为重要内容纳入教材体系,贯穿于课程教学过程,从而推动教材改革,在结构上形成区别于理论与实践分离的传统教材模式,培养学生从事与所学专业紧密相关的技术开发、管理、服务等工作所必需的意识和能力。

(3)精心选编案例,推进案例教学。什么是案例? 案例是真实典型且含有问题的事件。这个表述的涵义:第一,案例是事件。案例是对教学过程中一个实际情境的故事描述,讲述的是这个教学故事产生、发展的历程。第二,案例是含有问题的事件。事件只是案例的基本素材,但并非所有的事件都可以成为案例。能够成为教学案例的事件,必须包含问题或疑难情境,并且可能包含解决问题的方法。第三,案例是典型且真实的事件。案例必须具有典型意义,能给读者带来一定的启示和体会。案例是故事但又不完全是故事,其主要区别在于故事可以杜撰,而案例不能杜撰或抄袭,案例是教学事件的真实再现。

案例之所以成为应用型教材的重要组成部分,是因为基于案例的教学是向学生进行有针对性的说服、引发思考、教育的有效方法。研编应用型教材,作者应根据课程性质、内容和要求,精心选择并按一定书写格式或标准样式编写案例,特别要重视选择那些贴近学生生活、便于学生调研的案例,然后根据教学进程和学生理解能力,研究在哪些章节,以多大篇幅安排和使用案例,为案例教学更好地适应案例情景提供更多的方便。

最后需要说明的是,应用型本科作为一种新的人才培养类型,其出现时间不长,对它进行系统研究尚需时日。相应的教材建设是一项复杂的工程。事实上从教材申报到编写、试用、评价、修订,再到出版发行,至少需要3~5年甚至更长的时间。因此,时至今日完全意义上的应用型本科教材并不多。烟台南山学院在开展学术年活动期间,组织研编出版的这套应用型本科系列教材,既是本校近10年来推进实践育人教学成果的总结和展示,更是对应用型教材建设的一个积极尝试,其中肯定存在很多问题,我们期待在取得试用意见的基础上进一步改进和完善。

烟台南山学院校长

2017 年于龙口

　　《纺织服装材料学》是为适应纺织、服装专业发展的现状而编写的,教材中涉及范围较广,在授课中建议精炼讲授。教材每一章都有一定数量的思考题,以方便读者练习,帮助读者对所学内容进行总结和消化。

　　全书共分绪论和八章内容,由烟台南山学院王晓、高晓艳、闫琳、安凌中、刘美娜、朱永军、王娟、王志文以及南山纺织服饰有限公司刘刚中编写。具体分工如下:绪论由闫琳、王晓编写,第一章由王晓、刘刚中、王文志编写,第二章第一节、第二节由高晓艳编写,第二章第三～五节由王晓、朱永军编写,第三章由高晓艳编写,第四章由王晓、王娟编写,第五～七章由闫琳编写,第八章由王晓、刘美娜、安凌中编写。全书的统稿由王晓完成。

　　本书得到了烟台南山学院纺织工程特色专业经费的资助,在编写过程中得到了烟台南山学院校领导、教务处和院系领导及老师的支持与帮助,在此向他们表示衷心的感谢。

　　由于编者水平有限,书中难免存在不足和错误,敬请读者批评指正。

编　者

2017 年 3 月

目录

绪论

一、纺织服装材料的概念及内容

纺织服装材料学是纺织服装专业的基础课程，重点介绍纺织服装加工的原料、半成品和各阶段产品的结构、主要性能，设计、评价依据，服装用皮革、皮草的性能，服装辅料的种类及选用原则、服装成品标识、纺织服装材料流行趋势等。

纺织材料隶属于材料科学领域，包括纺织加工用的各种纤维原料和以纺织纤维加工成的各种产品，如一维形态为主的纱、线、缆绳等；二维形态为主的网层、织物、絮片等；三维形态为主的服装、编结物及其增强复合体等。这些产品可以作为最终产品由消费者直接使用，如内外衣、纱巾、鞋、帽等服用纺织品；床上被、帐、床单和椅罩、桌布等家用纺织品；捆扎用绳索、牵引用缆绳、露天篷盖、武器中的炮衣等产业用纺织品。同时，这些产品也可以与其他材料复合制造最终产品，如帘子布与橡胶结合制造各种车辆的轮胎，作为纤维增强复合材料的增强体与基质结合制造各种机械设备和机械零件，从火车车厢、飞机壳体、风力发电设备的桨叶、公路和铁路路基增强和反渗透的土工布、防弹车的防弹装甲、火箭头端的整流罩及喷火喉管、飞机的刹车盘、海水淡化的滤材、烟囱烟气过滤的滤材等。纺织材料是工程材料的一个重要分支。

众所周知，服装的色彩、款式造型和服装材料是构成服装的三要素。服装在穿着时的风格、品位、品质等都是通过服装材料的颜色、图案、材质等直接体现出来的。服装的款式造型也需要依靠服装材料的厚薄、轻重、柔软、硬挺、悬垂性等因素来保证。

消费者在选购纺织服装商品时，其评价和要求常从以下几个因素考虑。

（1）安全舒适性。随着经济的发展，消费者更加追求轻松、舒适的生活方式，于是在乎纺织服装材料是否安全、舒适。

（2）易保养性。在快节奏的生活中，消费者更倾向于选购省时、省力且容易保养的纺织服装商品。

（3）耐用性和经济性。虽然人们的生活有了很大的提高，但是广大的消费者还是青睐于实惠经济的商品。

（4）流行性。近年来，我国的纺织服装市场和消费者日益成熟，自觉或不自觉地受到时尚潮流的支配。

以上所有的因素均需要纺织服装材料来保证，面料的纤维种类、颜色、光泽、图案花型、组织纹路、质感等是保证的依据。无论是从产品的要素来看，还是从消费者的要求来看，纺织服装材料起着重要的作用。因此，只有了解和掌握纺织服装材料的类别、特性及对纺织服装产品的影响，才能正确地选用纺织服装材料，设计和生产出令消费者满意的服装。

二、纺织服装材料的历史

兽毛皮和树叶是人类最早采用的纺织服装材料。大约在公元前5000年埃及开始用麻织布，公元前3000年印度开始使用棉花，在公元前2600多年我国开始用蚕丝制衣。公元前1世纪，我国商队通过"丝绸之路"与西方建立了贸易来往。此时，人类也开始对织物进行染色。此后，在历史的长河中，棉、麻、丝、毛等天然纤维成为纺织服装的主要原料。

纺织服装材料的发展与纺织工业的发展紧密联系在一起。产业革命以后，工业生产及其产品有了长足的进步，纺织品从手工生产到机械生产，化学品染料也开始取代天然染料并不断地更新。

19世纪末20世纪初英国生产出黏胶长丝，1925年又成功地生产了黏胶短纤维。1938年美国宣布了锦纶的诞生。1945年第二次世界大战结束，生产技术再次突飞猛进。美国1950年开始生产聚丙烯腈纤维（腈纶），1953年聚酯纤维（涤纶）问世，1956年又获得了弹力纤维（氨纶）的专利权。到了20世纪60年代初，化学纤维已作为纺织服装材料而被广泛应用。

三、纺织品加工过程（图1）

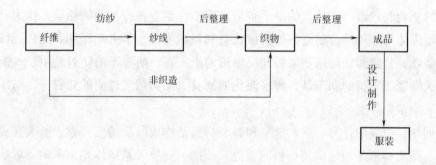

图1　纺织品加工过程

四、纤维的定义与分类

纤维是一种细而长的物质，直径从几微米到十几微米，长度则从几毫米几十毫米甚至上千米，长径比很大。

纺织纤维是指长度达到数十毫米以上，具有一定的强度、一定的可挠曲性和一定的服用性能，可以生产纺织制品的纤维。

1. 纤维按来源分类

按纤维的来源将纤维分为天然纤维和化学纤维两大类，前者来自于自然界的物质，即植物纤维（纤维素纤维）、动物纤维（蛋白质纤维）和矿物纤维；后者通过化学方法人工制造而成，根据原料和制造方法的差异分为再生纤维（以天然高聚物如木材等为原料）、合成纤维（以石油、煤和天然气等为原料）和无机纤维三大类。纤维的主要类别见表1。

表1　纤维的主要类别

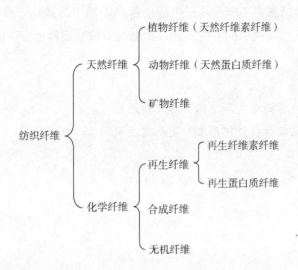

2. 纤维按长度分类

纤维按长度区分，可分为长丝与短纤维两大类。长丝是指连续的纤维，如蚕丝及化纤制丝时喷出的连续丝束。通常用十几根或数十根单根长丝并合在一起织造，织物表面光滑，光泽较强，常用作夏季面料。短纤维是指长度在几毫米至几十毫米的纤维，如棉、毛、麻等天然纤维，也可以是由长丝切断后制成。短纤维必须经纺纱工序，使纤维间加捻抱合后才能形成连续的纱线，用于织造。短纤维织物表面有毛羽，丰满蓬松，常用于秋冬织物。

五、纺织服装材料的发展趋势

新型材料和纤维在向两极发展：一是利用基因工程、化学工程等对纤维进行改进；二是利用化学、物理等方法对成品进行后加工，使其具有新的功能。

（1）通过改变纤维的横截面形状（三角、多角、扁平、中空等）而生产的异形纤维，对改善织物光泽、手感、透气性、保暖性以及抗起球性等有较好的效果。

（2）差别化纤维广泛应用于纺织服装面料的生产。"差别"是针对传统的合成纤维而言，它们是易染纤维、超细纤维、高收缩纤维变形丝和复合纤维等。

（3）利用接枝、共聚或在纤维聚合时增加添加剂的方法生产出具有特殊功能的纤维，如阻燃纤维、抗静电纤维、抗菌纤维、防蚊虫纤维等。

（4）20世纪80年代以后又有很多高性能的新纤维出现，如碳纤维、陶瓷纤维、甲壳质纤维、水溶性纤维及可降解纤维等。

（5）天然纤维也有了重大的改进，如彩色棉、无鳞羊毛等。

不难看出，纺织服装材料已经是品种繁多，形态及性能各异，它们已随着科学技术的发展进入了高科技的21世纪，并已能从多方面满足消费者的需求。

与此同时，服装辅料无论是在品种、规格和档次上，也有了相应的发展，特别是20世纪80年代以后，我国研制和引进了生产衬布、纽扣、拉链、缝纫线、花边、商标等新设备，采用了新材料、新工艺，设立了专门生产企业，使服装辅料的生产也逐步形成了一个工业体系。

展望未来，人们生活水平不断提高，生活也将逐步趋于多样化。科学技术的发展会帮助纺织服装材料向多样化、功能化的方向发展，新型纺织服装面料也会层出不穷。

☞ **思考题**

1. 简述纺织服装材料的定义和纺织品加工的过程。
2. 你认为的纺织服装材料是何形象？是如何发展的？

第一章　纺织纤维的结构及基本性质

从绪论中可知，服装用的纤维原料品种很多，性能差异较大，而决定纤维原料不同使用性能的则是纤维的结构。纤维结构包括表面形态结构和内部形态结构，表面形态结构是以纤维轮廓为主的特征，包括纤维的细度、长度、界面形状、卷曲和转曲等几何外观形态。内部结构涉及分子结构。纤维结构不仅与纤维的物理化学性能有关，还关系着纺织加工工艺是否能顺利进行，对纺织品的使用性能有很大影响。

第一节　纺织纤维的结构

纤维的结构是复杂的，是由基本结构单元经若干层次的堆砌和混杂所组成的，它决定纤维的性质。虽然纤维结构较为复杂，但人们对其认识一般分为三方面内容，包括相对直观的纤维形态结构、较为间接的纤维大分子结构和凝聚态结构（又称聚集态结构、超分子结构）。

一、纤维的形态结构

纤维的形态结构是指纤维在光学显微镜（宏观形态结构）或电子显微镜（微观形态结构），乃至原子力显微镜（AFM）下能被直接观察到的结构。其具体包括纤维的外观形貌、表面结构、断面结构、细胞构成和多重原纤结构，以及存在于纤维中的各种裂隙与空洞等。

1. 纤维的外观形貌、表面结构、断面结构

外观形貌主要讨论纤维的宏观形状，涉及纤维的长度、细度、截面形状、卷曲与转曲，这部分内容将在本章第二～四节做介绍。

2. 纤维的原纤结构

（1）原纤结构特征。纤维中的原纤结构是大分子有序排列的结构，或称结晶结构。严格意义上来说，是带有缺陷并为多层次堆砌的结构。原纤在纤维中的排列大多为同向平行排列，能提供给纤维良好的力学性质和弯曲能力。

纤维的原纤按其尺寸大小和堆砌顺序可分为：基原纤→微原纤→原纤→巨原纤→细胞。

（2）各层次原纤的特征。

①基原纤。基原纤（elementary fibril）是原纤中最小、最基本的结构单元，亦称晶须，无缺陷。一般由几根至几十根长链分子相互平行或螺旋状按一定距离、相位稳定地结合在一起的大分子束，直径为 1～3nm，且具有一定的揉曲性能。

②微原纤。微原纤（micro‑fibril）是由若干根基原纤平行排列组合在一起的大分子束，

亦称微晶须，带有在分子头端不连续的结晶缺陷，是结晶结构。如图1-1所示。

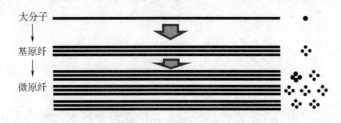

图1-1　微原纤的堆砌形式示意图

③原纤。原纤（fibril）是一个统称，有时可代表由若干基原纤或若干根微原纤大致平行组合在一起的更为粗大的大分子束。

④巨原纤。巨原纤（macro-fibril）是由多个微原纤或原纤堆砌而成的结构体。

⑤细胞。细胞（cell）是由巨原纤或微原纤直接堆砌而成的，并有明显的细胞边界。

二、纤维的大分子结构

纺织纤维除了无机纤维（玻璃纤维、石棉纤维、金属纤维）等外，绝大多数都是高分子化合物（即高聚物），相对分子质量很大。纺织纤维的分子一般都是线形长链分子，由 n 个（ n 为 $10^2 \sim 10^5$ 数量级）重复结构单元（称链节或单基）相互连接而成。

大分子结构分为分子内（分子链）结构和分子间（超分子）结构两部分。分子链结构是指单个分子的结构，也是大分子的化学结构，简称链结构或化学结构。链结构又分为讨论链节（单基）组成及结构的近程结构和讨论分子链空间形态的远程结构。

（1）单基（链节）。即构成纤维大分子的基本化学结构单元。常用纤维的单基如下：

纤维素纤维： β - 葡萄糖剩基；蛋白质纤维： α - 氨基酸剩基；涤纶：对苯二甲酸乙二酯；锦纶：己内酰胺；丙纶：丙烯；腈纶：丙烯腈。

单基的化学结构、官能团的种类决定了纤维的耐酸性、耐碱性、耐光性、吸湿性、染色性等，单基中极性官能团的数量、极性强弱对纤维的性质影响很大。

（2）聚合度。即构成纤维大分子的单基的数目，或一个大分子中的单基重复的次数（ n ）。

若纤维大分子的分子量为 M ，单基的分子量为 m ，聚合度（重复结构单元数）为 n ，则

$$M = m \times n$$

一根纤维中各个大分子的 n 不尽相同，具有一定的分布。

①常用纤维的聚合度。棉麻的聚合度很高，成千上万。羊毛576；蚕丝400；再生纤维素纤维 $300 \sim 600$ ；涤纶130；腈纶 $1000 \sim 1500$ ；维纶1700；丙纶 $310 \sim 430$ 。

②聚合度与纤维力学性能的关系。未达到临近聚合度之前，纤维开始具有强力，随着聚合度的逐渐增大，纤维强力增大；但聚合度增加至一定程度，强力趋于不变。聚合度较低时，一般来说，纤维的强度低些，湿强度也低些，脆性明显。聚合度的分布越集中，分散度越小，纤维的强度、耐磨性、耐疲劳性、弹性越好。

（3）纤维大分子链的支化、构型。纤维大分子的形状由于单基的键接方式不同，可以分为三种构造形式：线型、枝型、网型。

（4）纤维大分子链的柔性。大分子链的柔性是指其能够改变分子构象的性质。构象是指大分子链在空间的形态，分子链由于围绕单键内旋转而产生的原子在空间的不同排列形式。键的内旋转是指大分子链中的单键能绕着它相邻的键按一定键角旋转。键的内旋转越好，构象越明显，大分子链伸直和弯曲比较容易，分子链比较柔软。反之，分子链不宜伸直和弯曲，分子链比较僵硬。

三、纤维的聚集态结构

纤维的聚集态结构（超分子结构）是指具有一定构象的大分子链通过分子链间的作用力而排列、堆砌而成的结构。

纤维的超分子结构是在天然纤维的生长过程或化学纤维的纺丝成形及后加工过程中形成的，具体是指纤维高聚物的结晶与非晶结构、取向与非取向结构以及通过某些分子间共混方法形成的"织态结构"等。高聚物的基本性质取决于大分子结构，而实际上高聚物材料或制品的使用性能则直接取决于在加工过程中形成的超分子结构（聚集态结构）。

1. 纤维的结晶结构

将纤维大分子以三维有序方式排列，形成有较大内聚能和密度并有明显转变温度的稳定点阵结构，称为结晶结构。结晶区内，大分子链段排列规整，结构紧密，缝隙、孔洞较少，相互间结合力强且互相接近的基团结合力饱和。结晶度越大，纤维的拉伸强度、初始模量、硬度、尺寸稳定性、密度越大，纤维的吸湿性、染料吸着性、润胀性、柔软性、化学活泼性越小。

2. 纤维的非结晶结构

纤维大分子高聚物呈不规则聚集排列的区域称为非结晶区或无定形区。非结晶区内，大分子链段排列混乱、无规律，结构松散，有较多的缝隙、孔洞，分子间相互间结合力小。结晶度越小，纤维吸湿性越高，越容易染色，拉伸强度越小，变形越大，纤维越柔软，耐冲击性和弹性越好，密度越小，化学反应性比较活泼。

3. 纤维的取向结构

不管天然纤维还是化学纤维，其大分子的排列都会或多或少地与纤维轴相一致，这种大分子排列方向与纤维轴向吻合的程度称作取向度。

结晶与取向是两个概念，结晶度大不一定取向度高，取向应包括微晶体的取向。除了卷绕丝，一般说来，结晶度高，取向度也高。

取向度与纤维性能有密切关系，纤维的取向结构使纤维许多性能产生各向异性。纤维的取向度大，大分子可能承受的轴向拉力也大，拉伸强度较大，伸长较小，模量较高，光泽较好，各向异性明显。

第二节　纺织纤维的细度

纤维细度是指纤维粗细的程度。纤维细度以纤维的直径或截面面积的大小来表达。但通常因纤维截面形状不规则而无法直接用直径或截面面积来表达，而是用单位长度的质量或单位质量的长度来间接表达纤维细度。

一、纤维的细度指标

纤维细度指标分为直接指标和间接指标两类。

（一）直接指标

直接指标主要指直径与截面面积。

通过光学显微镜或电子显微镜观测直径 d 和截面积 A，常用于羊毛及其他动物毛和圆形化学纤维的细度表达。由于纤维很细，以微米（μm）为单位，近似圆形的计算为：

$$A = \pi d^2 / 4$$

（二）间接指标

间接指标包括定长制和定重制。

1. 定长制指标

（1）线密度 Tt。线密度是指在公定回潮率时，1000m 长的纤维所具有的质量克数。单位为特克斯（tex），简称特。特克斯是我国法定的线密度计量单位，表达式为：

$$Tt = \frac{1000 G_k}{L}$$

式中：Tt——特克斯，tex；

　　G_k——公定回潮率时的纤维重量，g；

　　L——纤维长度，m。

对于同一种纤维，线密度越大，纤维越粗；反之，线密度越小，纤维越细。由于纤维细度较细，故通常用分特（dtex）来表示。1tex = 10dtex。

（2）纤度 N_d。旦尼尔（Denier），是指 9000m 长的纤维在公定回潮率时的质量克数，单位为旦尼尔（denier），简称旦（D），故又称旦数，较多地用于蚕丝和化纤长丝中，表达式为：

$$N_d = \frac{9000 G_k}{L} = 9Tt$$

对于同一种纤维，旦数越大，纤维越粗；反之，旦数越小，纤维越细。

2. 定重制指标

公制支数 N_m 简称公支，是指在公定回潮率时 1g 纤维所具有的长度米数，表达式为：

$$N_m = \frac{L}{G_k}$$

对于同一种纤维，公制支数越大，纤维越细；反之，公制支数越小，纤维越粗。

（三）各指标之间的换算

1. 线密度（Tt）、纤度（N_d）、公制支数（N_m）之间的换算

$$Tt \times N_m = 1000$$

$$N_d \times N_m = 9000$$

$$N_d = 9Tt$$

2. 直径与间接细度指标的换算

当纤维的横截面为圆形时，设纤维直径为 d（mm），纤维密度为 δ（g/cm^3），则：

$$d = \sqrt{\frac{4}{10^3\pi} \cdot \frac{Tt}{\delta}} = 0.03568 \times \sqrt{\frac{Tt}{\delta}}$$

$$d = \sqrt{\frac{4}{9 \times 10^3\pi} \cdot \frac{N_d}{\delta}} = 0.01189 \times \sqrt{\frac{N_d}{\delta}}$$

$$d = \sqrt{\frac{4}{\pi} \cdot \frac{1}{N_m \cdot \delta}} = 1.12867 \times \sqrt{\frac{1}{N_m \cdot \delta}}$$

二、纤维细度不匀及其指标

纤维的细度不匀主要包括两层含义，一是纤维之间的粗细不匀，一是纤维本身沿长度方向上的粗细不匀。

1. 细度不匀的概念

（1）对于天然纤维。同一棉包的棉纤维，因胞壁厚度、生长部位的不同而粗细不同；同一根棉纤维还呈现出两端细、中段粗的截面形态变化。同一毛包的毛纤维，不仅纤维间因在羊体上的生长部位不同而粗细不同（变异系数达20%～35%），而且单纤维因生长季节和营养的影响也会有明显的粗细差异（粗细差异可达3～10μm），并且有截面形态的变化。麻纤维的粗细差异更大，不仅单纤维的粗细差异大（变异系数达30%～40%），而且工艺纤维因分离的随机性粗细差异更大。蚕丝本身粗细差异在总长度上较为明显，茧外层和内层的丝较细，中间主茧层的丝相比较粗，由于缫丝的合并，均匀性较好。

（2）对于化学纤维。化纤长丝的粗细不匀是工业加工中的主控参数，因为其关系到纺丝的连续性及可控性和后处理加工的难易程度，以及成丝质量。一般变异系数控制在5%以内，故有专门的测量，但大多为长丝束和成品测量。

2. 细度不匀指标及分布

（1）不匀率指标。根据细度的定义，细度不匀的指标合理的只能是几何粗细的表达。线密度类指标只能反映纤维集合体的细度总体差异，如气流仪法、切断称重法或摇取长度称重法，是纤维团间或纤维段间的不匀。因此，直径不匀是纤维细度不匀的最主要和有效的指标。其包括直径均方差及变异系数 CV，以及平均差及平均差系数。

（2）纤维间细度不匀的分布。在纤维分组测量的基础上，将纤维直径的测量结果用直方图表示，可以表达纤维细度的分布情况，其典型分布曲线如图1-2所示。

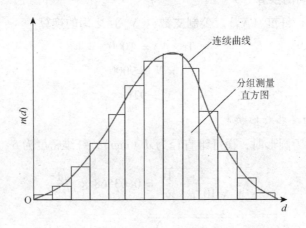

图1-2　纤维直径分布直方图及分布曲线

3. 纤维细度的测量方法

（1）称重与长度的测量。称重与长度结合的测量方法，简称称重法，将纤维排成一端整齐平行伸直的纤维束，然后用纤维切断器在纤维中段截取一定长度的纤维束，在扭力天平上称重，然后计数中段纤维的根数，计算线密度。

（2）显微镜观测法。此方法多用于圆形或近圆形直径纤维的测量，源于近圆形羊毛纤维的测量。

第三节　纺织纤维的截面形状与卷曲

纤维截面形状随纤维种类而异，天然纤维具有各自的形状，化学纤维可人工制造。纤维截面形状影响纤维的比表面积、抗弯刚度、摩擦性能等，并与纤维的手感风格密切相关，影响纺织品的品质。

一、纤维异形化

纤维的截面变化或称异形化，是物理改性的一项重要手段，主要有两类形式，一是截面形状的非圆形化，又分为轮廓波动的异形化和直径不对称的异形化；二是截面的中空和复合化。非圆形截面的化学纤维称为异形纤维，利用物理、化学和机械等方法使合成纤维变性，以改善其性能，扩大其使用范围，使化学纤维从形态、性能上模仿天然纤维，并向超天然纤维的方向发展。异形截面纤维一般蓬松度较好，抗起毛起球性好，可以消除化纤光滑的手感；异形中空丝与常规纤维相比改变了纤维集合体的密度、热阻、孔隙率、蓬松度、纤维截面的极惯性矩、比表面积，中空纤维的空隙内有大量的静止空气，从而可提高其热阻和保暖性能；

中空纤维降低了纤维的密度，实现了纤维材料的轻量化；中空化可以提高纤维的孔隙率、蓬松度及比表面积，从而改善纤维集合体的湿热传递特性，可以使织物具有较好的吸湿、透气、保温功能。常见的异形纤维截面如图1-3所示。

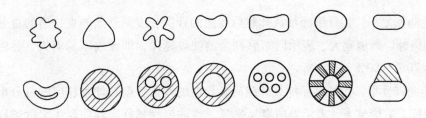

图1-3 常见的异形纤维截面

二、纤维的卷曲

1. 纤维的卷曲形式

纤维的卷曲形式如图1-4所示。①~③是无或弱卷曲，其卷曲弧度小于半圆形，属浅平波形，且卷曲数少，半细和土种羊毛多属此类；④为锯齿波形，是人工所为，非羊毛的自然卷曲；⑤和⑥为正常卷曲波形，波形的弧度接近或等于半圆形，卷曲对称于中心线，属常波卷曲，只是⑥的卷曲数大于⑤，轴向投影基本为直线，美利奴羊毛和中国良种羊毛都属此类，品质优良，多用于精纺，纺制表面光洁的毛纱；⑦为深波，⑧为大屈曲波，属高卷曲纤维，每个卷曲的弧度都超过半圆，且有非平面的波动，多发生在粗羊毛和新西兰羊毛上，该羊毛不适于精纺，而适于粗纺系统，呢绒丰满有弹性；⑨和⑩为典型的三维螺旋卷曲，存在于部分粗羊毛和土种羊毛中，是副皮质偏心分布的结果，有长螺距螺旋⑨和短螺距螺旋⑩，这种卷曲人工变形纱中较常见。

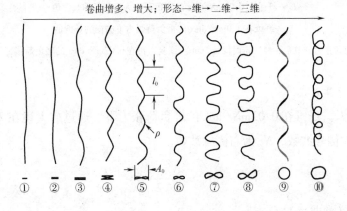

图1-4 羊毛及毛发类纤维的各种卷曲及表达

2. 纤维卷曲性能的指标

（1）卷曲数。指每厘米长纤维内的卷曲个数，是反映卷曲多少的指标。

一般化学短纤维的卷曲数为 12 ~ 14 个/25cm，羊毛的卷曲数随羊毛细度和生长部位而异。

（2）卷曲度（卷曲率）。指纤维单位伸直长度内，卷曲伸直长度所占的百分率（或表示卷曲后纤维的缩短程度）。卷曲率的大小与卷曲数及卷曲波幅形态有关。一般短纤维的卷曲率在 10% ~15% 为宜。

（3）卷曲回复率。指纤维经加载卸载后卷曲的残留长度对卷曲伸直长度的百分率。反映卷曲牢度的指标，数值越大，表示回缩后剩余的波纹越深，即波纹不易消失，卷曲耐久。一般短纤维为 70% ~80%。

（4）卷曲弹性率。指纤维经加载卸载后，卷曲的残留长度对伸直长度的百分率。反映卷曲牢度的指标。数值越大，表示卷曲容易恢复，卷曲弹性越好，卷曲耐久牢度越好。一般短纤维约为 10%。

卷曲度（卷曲率）、卷曲弹性率及卷曲回复率是根据纤维在不同弹力下测定其长度计算得到。见图 1 - 5。

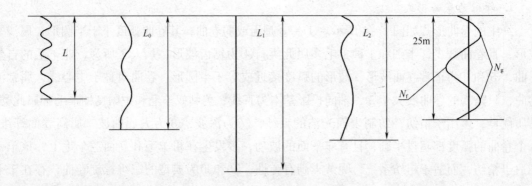

图 1 - 5　卷曲各长度示意图

L—纤维在自由状态下的长度值

L_0—纤维在 0.02mN/dtex 的轻负荷张力下测得的长度值

L_1—纤维在 1.0mN/dtex 的重负荷张力下测得的长度值

L_2—纤维在重负荷张力释放后，经一定时间（2min）恢复，再在 0.02mN/dtex 的轻负荷张力下测得的长度值

3. 卷曲指标计算公式

（1）卷曲数 J_N。纤维在 0.02mN/dtex 的轻负荷张力下，通过放大镜在 25mm 长度内测得卷曲个数：N_f 为左侧峰波数，N_g 为右侧峰波数。

$$J_N = \frac{N_f + N_g}{2}$$

（2）卷曲度（卷曲率）J。

$$J = \frac{L_1 - L_0}{L_1} \times 100\%$$

（3）卷曲回复率 J_W。

$$J_W = \frac{L_1 - L_2}{L_1} \times 100\%$$

（4）卷曲弹性率 J_D。

$$J_D = \frac{L_1 - L_2}{L_1 - L_0} \times 100\%$$

第四节　纺织纤维的长度

纤维的长度是其外观形态的主要特征之一，与纤维的可纺性、成纱质量、手感、保暖性等关系密切。

一、纤维长度基本概念

纤维长度一般指纤维伸直长度，即纤维伸直而未伸长时两端的距离。还有自然长度指标，是指纤维在自然伸展状态下的长度，如毛丛长度。

1. 天然纤维

随动物、植物的种类、品系与生长条件而不同。

（1）棉、麻、毛。短纤维，纤维长度一般 25 ~ 250mm；长度差异很大（不同品种或同品种）。

（2）蚕丝。长丝，一个茧子上的茧丝长度可达数百米至上千米。

2. 化学纤维

人工制造，可根据需要而定。长度离散性小，但超长纤维和倍长纤维对纺纱工艺危害较大。

二、纤维长度的指标

纤维长度的指标有主体长度、平均长度、品质长度、短绒率。

（1）主体长度。纤维中含量最多的纤维长度。

①根数主体长度。纤维中根数最多的一部分纤维的长度。

②重量主体长度。纤维中重量最重的一部分纤维的长度。

（2）平均长度。即纤维长度的平均值。

①根数平均长度 L。各根纤维长度之和的平均数。

$$L = \frac{\sum L_i N_i}{\sum N_i}$$

式中：L_i——各组纤维的长度；

N_i——各组纤维的根数。

②重量加权平均长度 L_g。各组长度的重量加权平均数。

$$L_g = \frac{\sum L_i g_i}{\sum g_i}$$

式中：L_i——各组纤维的长度；

　　　g_i——各组纤维的重量。

（3）品质长度（L_p）。比主体长度长的那部分纤维的平均长度。是棉纺工艺中决定罗拉隔距的重要参数。

（4）短绒率。长度在某一界限以下的纤维所占的百分率。是表示长度整齐度的指标。

三、纤维长度的测量

1. 罗拉法（适用于棉纤维的长度测定）

将纤维整理成伸直平行、一端平齐的纤维束后，利用罗拉的握持和输出，将纤维由短到长按一定组距（即罗拉每次输出的长度，2mm）分组后称重，从而得到纤维长度—重量分布，求出各指标。

2. 梳片法（适用于羊毛、苎麻、绢丝或不等长化纤的长度测定）

利用彼此间隔一定距离的梳片，将羊毛或不等长毛型化纤整理成伸直平行、一端平齐的纤维束后，由长到短按一定组距（梳片间的距离）分组后称量，从而得到纤维长度—重量分布，计算有关指标。

3. 中段切断称重法（适用于等长化纤的长度测定）

利用纤维切断器截取一端排列整齐纤维束的中段，称取中段和两端重量后，经计算求得纤维各项长度指标。

四、纤维长度与成纱质量、纺纱工艺的关系

其他条件相同，纤维越长，成纱强度越大，在保证成纱具有一定强度的前提下，纤维长度越长，纺出纱的细度越细。成纱的毛羽是由伸出成纱表面的纤维端头、纤维圈等形成，在其他条件相同情况下，长度较长的纤维成纱表面比较光滑，毛羽较少。当纤维长度整齐度差，短绒率大时，成纱条干变差，强度下降。生产高档产品时，需经过精梳以去除短纤维。

第五节　纺织纤维的吸湿性

纤维材料能够吸收水分，不同结构的纺织纤维，其吸收水分的能力也不同。通常把纤维材料从气态环境中吸着水分的能力称为吸湿性。纺织纤维的吸湿性是关系到纤维性能、纺织加工工艺、织物服用舒适性能及其他力学性能的一项重要特性。本节对纤维的吸湿现象、作用机理、影响因素、表征方法，以及纤维吸湿后的性状变化做基本介绍。

一、纤维的吸湿平衡

纤维材料的含湿量随所处的大气条件而变化，在一定的大气条件下，纤维材料会吸收或放出水分，随着时间的推移逐渐达到一种平衡状态，其含湿量趋于一个平衡值，这时，单位时间内纤维材料吸收大气中的水分等于从纤维内放出的水分，这种现象称为吸湿平衡。

吸湿平衡是一种动态平衡状态，如果大气中水气部分压力增大，使进入纤维中的水分子多于放出的水分子，则表现为吸湿，反之表现为放湿。纤维吸湿或放湿比较敏感，一旦大气条件变化，其含湿量也立即变化，而纺织材料的性质与吸湿有关，所以在进行物理力学性能测试时，试样应趋于吸湿平衡状态，此过程称为调湿。

纤维吸湿、放湿是呈指数增长的过程，严格来说，达到平衡所经历的时间是很长的，纤维集合体体积越大，压缩越紧密，达到平衡的时间也越长。一般单纤维或 3mg 以下的小纤维束，6s 将基本平衡，松散的纤维团一般几分钟或几十分钟可达到平衡，纱线和织物因为紧密需要几小时可达到平衡，100kg 的絮包达到平衡约要 4 个月到一年。

二、纤维的吸湿指标

1. 回潮率 W 与含水率 M

（1）回潮率。回潮率是纺织材料中所含水分重量对纺织材料干重的百分比，多用于表达纺织材料的吸湿性。

$$W = \frac{G - G_0}{G_0} \times 100\%$$

式中：G——纤维材料的实际重量（湿重）；

　G_0——纤维材料烘干后的干燥重量（干重）。

（2）含水率。纺织材料中所含水分重量对纺织材料湿重的百分比称为含水率。

$$M = \frac{G - G_0}{G} \times 100\%$$

其间相互关系为：

$$W = \frac{M}{1 - M} \text{ 或 } M = \frac{W}{1 + W}$$

2. 标准回潮率

由于各种纤维的实际回潮率随温湿度条件而改变，为了比较各种纺织材料的吸湿能力，在统一的标准大气条件下，纤维材料放置一段时间后所达到的回潮率称为标准回潮率。材料测试必须在此回潮率下进行。

标准大气条件包含三个参数：大气压力、温度、相对湿度。大气压力是指 1 个标准大气压 86 ~ 106kPa，标准规定温度为 20℃，相对湿度为 65%。关于标准大气条件，不同的国家有不同的规定，允许有略微的误差。我国规定的标准大气条件为：1 个标准大气压 101.3kPa（760mmHg 柱），温湿度按照《纺织材料试验标准温湿度条件规定》，见表 1 – 1。

表 1 - 1　标准温湿度及允许误差

级别	标准温度（℃）		标准相对湿度（%）
	A 类	B 类	
1	20 ±1	27 ±2	65 ±2
2	20 ±2	27 ±3	65 ±3
3	20 ±3	27 ±5	65 ±5

3. 公定回潮率

贸易上为了计重和核价的需要，一般由国家统一规定各种纺织材料的回潮率，这种回潮率是业内公认的，称为公定回潮率。公定回潮率纯粹是为工作方便而选定的，其接近于标准回潮率，但不是标准回潮率，一般高于标准回潮率或者取其上限。各国对于纺织材料公定回潮率的规定并不一致，我国常见的几种纤维及其制品的公定回潮率见表 1 - 2。

表 1 - 2　常见的几种纤维及其制品的公定回潮率

种类	公定回潮率（%）	种类	公定回潮率（%）
原棉	8.5	棉纱	8.50
棉织物	8.50	精梳毛纱	16.00
同质洗净毛	16.00	粗梳毛纱	16.00
异质洗净毛	15.00	精梳落毛	16.00
干梳毛条	18.25	油梳毛条	19.00
山羊绒	15.00	毛织物	14.00
骆驼绒	14.00	兔毛	15.00
桑蚕丝	11.00	牦牛绒	16.00
柞蚕丝	11.00	绢纺蚕丝	11.00
苎麻	12.00	亚麻（精干麻）	12.00
黄麻	14.00	黏胶纤维及长丝	13.00
大麻	12.00	涤纶	0.40
涤纶纱及长丝	0.40	腈纶	2.00
锦纶	4.50	维纶	5.00
丙纶	0.00	玻璃纤维	2.50
二醋酯纤维	9.00	三醋酯纤维	7.00
铜氨纤维	13.00	氯纶	0.50

混合材料或混纺纱的公定回潮率可按照各自的混合比的加权平均。混合后的公定回潮率计算见下式。

$$W_{混} = \sum W_i P_i$$

式中：W_i——混纺材料中第 i 种纤维的公定回潮率；

　　　P_i——混纺材料中第 i 种纤维的干重混纺比。

4. 标准重量

纺织材料在公定回潮率时的重量叫标准重量，也叫公定重量。公定重量计算见下式。

$$G_k = G_a \times \frac{1 + W_k}{1 + W_a} = G_0 \times (1 + W_k)$$

式中：G_k——公定重量，g；

　　　G_a——湿重，g；

　　　G_0——干重，g；

　　　W_a——实际回潮率；

　　　W_k——公定回潮率。

三、吸湿机理

1. 纤维吸湿的条件

纺织用纤维的吸湿本质上是水分子在纤维上的吸附、逗留或存留、固着，传递或流动，水分子的这种吸附是有条件的，其运动和静止是需要空间和能量的，因此，形成纤维能够吸着水分，并让水分子得以进入纤维的机制是纤维吸着水分的条件。

第一，纤维能够吸着水分必须使纤维的大分子上具有极性基团。构成纤维大分子的极性基团常见的由—OH、—COOH、—NH$_2$、—CONH—等。纤维大分子中具有极性基团并不一定能吸湿，极性基团的数目多也不一定意味着吸湿多。纤维的吸湿还必须让水分子得以进入纤维。

第二，纤维中或纤维分子间要具有足够的空间（或通道），才能使水分子顺利通过和进入，并有足够的表面积和空隙存留水分子。此空间或称为纤维的自由通道是纤维吸湿的第二个条件。

综上所述，纤维吸湿既要有吸湿的极性基团，提供水分子被吸附的能量和位置。同时又要使纤维的分子间有足够空间以利水分子的进入与存留。

2. 吸湿理论

关于纤维的吸湿理论的解释有多种，早在 20 世纪 20 年代就已开始研究，随后人们提出了一些假设或说法。其中最主要的为 Peirce 理论（棉纤维中的二相吸湿理论）和 Speakman 的羊毛的三相吸湿理论。

（1）Peirce 理论。Peirce 理论认为，水分子在纤维中的存在形式有两种，直接吸收水和间接吸收水。直接吸收水是指纤维分子的极性基团对水分子的直接捕获吸着；间接吸收水是指因极性基团吸着后的极化作用，使被直接吸着的水分子极化而吸另一个水分子。极性越高的基团，越易导致这种二次吸水，乃至多次吸水。间接吸收的水分子存在于纤维内部的微小间隙中成为微毛细水。当湿度很高时，间接吸收的水分子可以填充到纤维内部较大的间隙中，成为大毛细水。间接吸水由于水分子间结合力小容易蒸发。这种直接吸水和间接吸水的形象表达如图1-6所示。

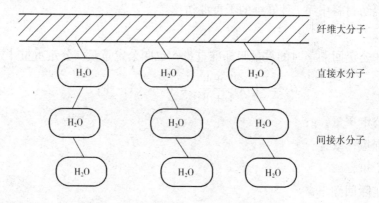

图1-6　直接吸水和间接吸水的原理

假设 C 为总的吸收水分子，C_a 为直接吸水，C_b 为间接吸水，则：

$$C = C_a + C_b$$

C、C_a、C_b 与相对湿度之间的关系如图1-7所示。

多数初始吸收水为直接吸收水，而在高湿时的吸收水主要为间接吸收水。直接吸收水取决于纤维中的极性基团，间接吸收水与纤维中的空隙和无序区有关。

（2）Speakman 的羊毛的三相吸湿理论。Speakman 认为，羊毛吸湿的第一相水分子是与角朊分子侧链中的亲水基相结合的水，如图1-8中的曲线a；第二相水分子被吸着在主链的各极性基团上，并取代分子链段间的相互作用，如图1-8中的曲线b；第三相水分子是填充在纤维空隙间和分子间的气态水，在高湿时，与棉纤维的间接吸收水类似，如图1-8中的曲线c。总的吸收水的回潮率曲线为T。

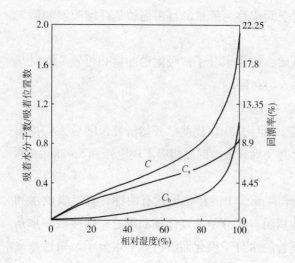

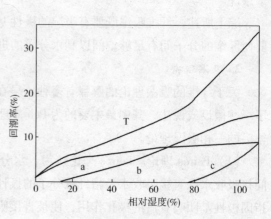

图1-7　相对湿度对吸收水分子的影响　　　　图1-8　相对湿度对回潮率的影响

四、大气条件与纤维吸湿

1. 吸湿等温线

在一定的大气压力和温度条件下，干燥的纤维在不同的大气相对湿度下因吸湿而达到的平衡回潮率与大气相对湿度的相关曲线，即吸湿等温线，如图1-9所示。

由图可见，所有的曲线都呈上升趋势，表明随着相对湿度的增大，回潮率增大。虽然不同纤维的吸湿等温线高低不同，但其曲线都呈反S形，表明吸湿机理基本一致。当相对湿度小于15%时，曲线斜率大，相对湿度稍微有所增加，回潮率增加很多，说明吸湿速度快，这主要是纤维分子中的极性基团的作用而直接吸水。当相对湿度在15%～70%时，曲线斜率小，吸湿速度慢，因为直接吸水位置已基本占满，纤维分子无其他能量，主要是靠间接吸附。当相对湿度在70%～100%时，曲线斜率又增大，吸湿速度快，这是由于水汽压的增大，水分子易于侵入纤维体内，打开一些键接与空间。另外，水分子也易于在表面和孔隙中凝结聚集形成间接水和毛细水。

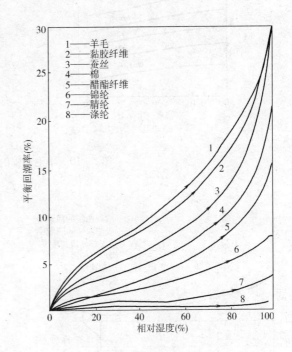

图1-9 纤维的吸湿等温线

吸湿等温线与温度有密切的依赖性，所以一般是在标准温度下试验所得。

2. 吸湿等湿线

纤维在一定的大气压力下，相对湿度一定时，平衡回潮率随温度而变化的曲线称为吸湿等湿线。以羊毛和棉纤维为例，如图1-10所示，吸湿等湿线受温度的影响相对较小。其规律是温度越高，平衡回潮率越低。但在高温高湿的条件下，平衡回潮率略有增加。因为高温时，水分子热运动加剧，不易附着而易脱离运动。但高温高湿时，纤维热湿膨胀，水分子凝结的空间增大。

五、吸湿滞后性

同种纤维在一定的大气温湿度条件下，从放湿达到平衡的回潮率大于从吸湿达到的平衡回潮率，这一性能称为纤维的吸湿滞后性，也称"吸湿保守现象"。纤维吸湿、放湿回潮率与时间的关系曲线如图1-11所示。

纤维的吸湿滞后性表现在吸湿等温线和放湿等温线的差异上，同一纤维的吸湿等温线与放湿等温线并不重合，而形成吸湿滞后圈，如图1-12所示。

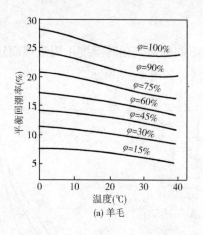

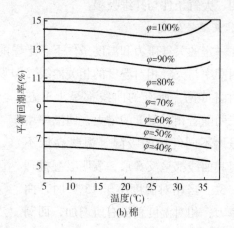

图 1-10 羊毛和棉的吸湿等湿线

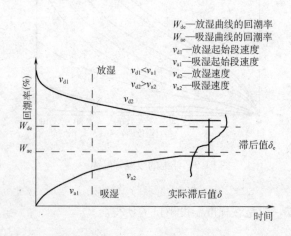

图 1-11 纤维吸湿、放湿回潮率与时间的关系曲线

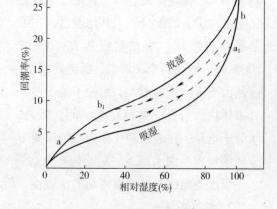

图 1-12 吸湿滞后图

吸湿滞后性造成的差值与纤维的吸湿性有关，吸湿性好，差值大。湿滞差值的大小还与纤维原有的回潮率有关。如图 1-13 中 a→a_1（由吸湿状态重新放湿）和 b→b_1（由放湿状态重新吸湿）。

由此可见，在同样的相对湿度条件下，纤维的实际平衡回潮率处于两条线之间的某一值，这一数值与纤维在吸湿或放湿前的历史有关。通常讲的平衡回潮率是指理论平衡回潮率，即两曲线的中间值。

由于吸湿滞后会造成因试样初始状态不同产生测量误差，所以在进行测量时，应当将试样预调湿。预先将材料在较低的温度烘燥（40～50℃，0.5～1h），使纤维的回潮率远低于测试所要求的回潮率。然后再在标准状态下，使其达到平衡回潮率。

六、影响纤维吸湿的因素

影响纤维回潮率的因素有内因和外因两个方面。

（一）内在因素

1. 亲水基团的作用

纤维大分子中，亲水基团的多少和极性强弱均能影响其吸湿能力的大小。数量越多，极性越强，纤维的吸湿能力越高。羟基（—OH）、酰胺基（—CONH—）、羧基（—COOH）、氨基（—NH$_2$）等与水分子的亲和力很大，能与水分子形成化学结合（吸收水）。各种基团对纤维素纤维、蛋白质纤维、合成纤维吸水性都有很大影响。

棉、黏胶、铜氨等纤维，大分子中的每一葡萄糖剩基含有 3 个羟基（—OH），在水分子和羟基之间可形成氢键，所以吸湿性较大。醋酯纤维中大部分羟基都被乙酸基（—COOCH$_3$）取代，而乙酸基对水的吸引力又不强，因此醋酯纤维的吸湿性较低。蛋白质纤维主链上含有亲水性的酰胺基、氨基、羧基等亲水性基团，因此吸湿性很好，尤其是羊毛，侧链中亲水基团较蚕丝更多，故其吸湿性优于蚕丝。合成纤维锦纶大分子中，每 6 个碳原子上含有一个酰胺基（—CONH—），所以也具有一定的吸湿能力；腈纶大分子中只有亲水性弱的极性基团氰基（—CN），故吸湿能力小；涤纶、丙纶因缺少亲水性基团，故吸湿能力极差，尤其是丙纶，基本不吸湿。

2. 纤维结晶度的影响

化学组成相同的纤维，因内部结构不同，吸湿性不一定相同。水分子只能进入纤维的无序排列区域，而无法进入纤维的结晶区。

例如人造纤维素纤维中的黏胶与富强纤维，两者吸湿性有很大的差异，原因就是普通黏胶的结晶度为 40%~50%，而富强纤维的结晶度可达 50%~60%，棉与黏胶也是如此，棉的结晶度可达 70% 以上。故黏胶的吸湿性最强。

3. 纤维的比表面积和内部空隙

纤维的比表面积越大，表面能越高，表面吸附的水分子数则越多，纤维的吸湿性也越好。纤维内部孔隙越多越大，水分子越易进入，纤维的吸湿能力越强。

例如，普通涤纶纤维吸湿比较差，但多微孔的改性涤纶，其吸水性能大幅度提高。其原因在于纤维的比表面积大幅度地提高，从而导致纤维表面上吸附存留水的增加。黏胶纤维结构比棉纤维疏松，缝隙孔洞多也是其吸湿能力远高于棉的原因之一。

4. 纤维中的伴生物和杂质

纤维的各种伴生物和杂质对吸湿能力也有影响。例如，棉纤维中有含氮物质、果胶、棉蜡、脂肪等，含氮物质和果胶易吸着水分，棉蜡、脂肪不易吸着水分；羊毛表面的油脂是拒水的；麻纤维的果胶和蚕丝中的丝胶有利于吸湿；化学纤维表面的油剂不利于吸湿。

（二）外在因素

1. 温度的影响

一般情况下，随着空气和纤维材料温度的提高，纤维的平衡回潮率将会下降。

2. 相对湿度的影响

在一定温度条件下，相对湿度越高，空气中水蒸气的压力越大，也就是单位体积空气内的水分子数目越多，水分子到达纤维表面的机会越多，纤维的吸湿也就较多。

3. 纤维原来回潮率大小的影响

由吸湿滞后性可知，当纤维材料置于一新的大气条件下时，其从放湿达到平衡时的回潮率要高于从吸湿达到的回潮率。故纤维原来回潮率大小也有一定的影响。

4. 空气流速的影响

当空气流动速度加快时，会使纤维表面的水分蒸发，纤维的平衡回潮率会下降。

七、吸湿对纤维性能的影响

1. 对纤维重量的影响

纤维材料的重量随吸着水分量的增加而增加，所以在进行贸易和成本核算中通常以公定重量为依据。

2. 对纤维长度和横截面积的影响

吸湿后纤维体积膨胀，且横向膨胀远远大于纵向膨胀。因为大分子沿轴向排列，吸湿后分子间距增大，而大分子的长度不会增长。同时，吸湿会导致织物变厚、变硬，并产生收缩。

3. 对纤维密度的影响

纤维材料的密度开始时随着回潮率的增大而增大，以后随着回潮率的增大而减小。因为刚开始吸湿时水分子进入纤维内部的空隙和孔洞中，纤维重量增加，体积不变；但随着吸湿的逐渐增大，体积开始膨胀，因为水的密度小于纤维的密度，所以体积增加率大于重量增加率，所以密度下降。一般密度在回潮率为 4% ~6% 时达到最大。

4. 对纤维力学性能的影响

一般纤维材料的强力随吸湿增大而减小（棉、麻除外），黏胶湿强下降非常显著。这是由于水分子进入之后拆开了大分子之间的交联，分子间力减小，大分子易滑脱，故强力降低。而棉、麻纤维是由于水分子进入之后，纤维分子间的结合状态重新调整，使大分子间受力的不均匀性得到改善。

同时，纤维材料的断裂伸长随吸湿增大有所增加；随吸湿的增大，摩擦系数也增大。

5. 对纤维热学性能的影响

纤维在吸湿时会放出热量，这是由于运动中的水分子被纤维大分子吸附时，水分子会将动能转化成热能而释放。所以吸湿放热有助于延缓衣料温度的变化。

6. 对纤维电学性能的影响

干燥的纤维是优良的绝缘体，随着纤维的吸湿其导电性会增强，静电现象会有所降低。

7. 对纤维光学性能的影响

纤维吸湿后其内部结构的变化会引起光的吸收增加，颜色变深，光降解和老化加剧。

第六节　纺织纤维的力学性能

纤维及其制品在纺织加工和使用过程中，都要受到各种类型的外力作用。纤维是组成纺织品的最基本单元，其力学性质对纺织品的耐久性能、服用性能影响极大，是纤维最重要的性质之一。纤维材料的力学性质是指纤维在受外力作用时的性能，包括拉伸、压缩、弯曲、扭转、摩擦、疲劳等各方面的作用。

一、纤维的拉伸性能

纤维材料的力学性能的好与坏（优与劣）是根据它在受外力作用时所表现的耐破坏性能（不一定拉断）来评价的。纤维在外力作用下遭到破坏的形式很多，其中以拉伸断裂为最主要的破坏形式。

（一）纤维拉伸断裂性能的基本指标

1. 拉伸断裂强力

断裂强力（P_b）又称绝对强力。它是指纤维能承受的最大拉伸外力，或单根纤维受外力拉伸到断裂时所需要的力，单位为牛顿（N）。单根纤维或束纤维比较细，拉断时所需要的力比较小，其强力单位用厘牛（cN）表示。

2. 相对强度

纤维粗细不同时，强力也不同，因而对于不同粗细的纤维，强力没有可比性。为了便于比较，可以将强力折合成规定粗细时的力，就是相对强度。

（1）断裂应力（σ_b）。断裂应力为单位截面积上纤维能承受的最大拉力，单位为 N/m^2，常用 N/mm^2（即兆帕，MPa）表示。其计算式为：

$$\sigma_b = P_b/A$$

式中：σ_b——纤维的断裂应力，MPa；

P_b——纤维的断裂强力，N；

A——纤维的截面积，mm^2。

（2）断裂强度（相对强度）。简称比强度或比应力，它是指每特纤维能承受的最大拉力，单位为 N/tex。其表达式为：

$$p_{tex} = P_b/Tt$$

式中：p_{tex}——特数制断裂强度，N/tex；

P_b——纤维的断裂强力，N、cN、gf；

Tt——纤维的特数，tex。

（3）断裂长度 L_b。纤维重力等于其断裂强力时的纤维长度，即一定长度的纤维，其重量可将自身拉断，该长度即为断裂长度。其表达式为：

$$L_b = \frac{P_b}{g} \cdot N_m$$

式中：L_b——纤维的断裂长度，km；

P_b——纤维的断裂强力，N；

g——重力加速度，等于 $9.8m/s^2$；

N_m——纤维的公制支数。

3. 断裂伸长率

任何材料在受力作用的同时一般都会产生变形，这两者总是同时存在、同时发展的。在拉伸力的作用下，材料一般要伸长。纤维拉伸到断裂时的伸长率（应变率），叫断裂伸长率，或者断裂伸长度，用 ε_a 表示，单位为百分数（%）。

$$\varepsilon_a = \frac{L_a - L_0}{L_0} \times 100\%$$

4. 拉伸变形曲线和相关指标

（1）拉伸变形曲线。纤维的拉伸曲线有两种形式，即负荷（p）－伸长（Δl）曲线和应力（σ）－应变（ε）曲线。如图 1－13 所示。

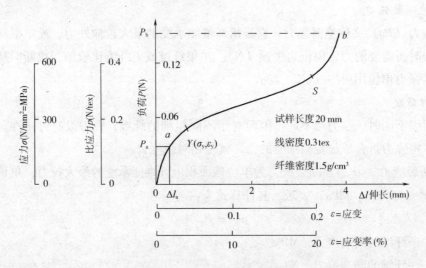

图 1－13　纺织纤维的拉伸曲线

（2）曲线上的相关指标。

a. 屈服点：曲线上的 Y 点叫屈服点，这一点对应的拉伸应力叫屈服应力。屈服点是拉伸曲线由伸长较小部分转向伸长较大部分的转折点，本质意义是材料从高强低伸到低强高伸的转折点，即材料从不容易变形到容易变形的转折点。屈服点高的纤维，其织物的保形性就好，不易起拱，起皱，抗永久（塑性）变形的能力强。

b. 初始模量：指纤维拉伸曲线的起始部分直线段的应力与应变的比值，即 σ—ε 曲线在起始段的斜率，用 E 表示。初始模量的大小表示纤维在小负荷作用下变形的难易程度，即纤维的刚性。E 越大表示纤维在小负荷作用下不易变形，刚性较好，其制品比较挺括；E 越小表示纤维在小负荷作用下容易变形，刚性较差，其制品比较软。

c. 断裂功（W）：是指拉伸纤维至断裂时外力所作的功，是纤维材料抵抗外力破坏所具有的能量。

d. 断裂比功：一种定义是拉断单位体积纤维所需作的功（W_v），单位为 N/mm^2。另一种定义是重量断裂比功（W_w），是指拉断单位线密度与单位长度纤维材料所需做的功。

e. 功系数 η：指纤维的断裂功与断裂强力（P_b）和断裂伸长（Δl_b）的乘积之比。

其中后三种指标都属于断裂功指标，断裂功是强力和伸长的综合指标，它可以有效地评定纤维材料的坚牢度和耐用性能。

（3）常见纤维的拉伸曲线。图1-14的拉伸曲线可分为三类。

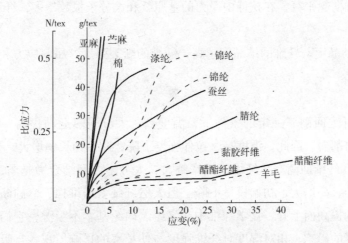

图1-14　不同纤维的应力—应变拉伸曲线

①强力高，伸长率很小的拉伸曲线（棉、麻等纤维素纤维）。该种拉伸曲线近似直线，斜率较大（主要是纤维的取向度、结晶度、聚合度都较高的缘故）。

②强力不高，伸长率很大的拉伸曲线（羊毛、醋酯纤维等）。该种拉伸曲线表现为模量较小，屈服点低和强力不高。

③初始模量介于（1）和（2）之间的拉伸曲线（涤纶、锦纶、蚕丝等纤维）。

（二）纤维的拉伸破坏机理及影响因素

1. 纤维的拉伸破坏机理

纤维开始受力，变形主要是纤维大分子链本身的拉伸，即键长、键角的变形，拉伸曲线接近直线，这一点从拉伸曲线上也可以看出来。这种形变基本上是可恢复的急弹性变形，基本符合虎克定律，所以这个区域又叫作虎克区。在图1-13上为OY段。当外力进一步增加，无定型区中大分子链克服分子链间次价键力而进一步伸展和取向，这时一部分大分子链伸直，而且可能被拉断，也可能从不规则的结晶部分中抽拔出来，分子链之间的次价键断裂使非结晶区中的大分子逐渐产生错位滑移，纤维变形显著，模量相对逐渐减小，纤维进入屈服区。在此过程中，有一部分是大分子链段间相互滑移，产生不可恢复的塑性变形。在图1-13上为YS段。虎克区和强化区的分界点叫屈服点，即Y点。当错位滑移的纤维大分子链基本伸直平行时，大分子间距就变小，分子链间可能形成新的次价键，这时候继续拉伸纤维，产生的变形主要又是分子链的键长、键角的改变和次价键的破坏，由此进入强化区，纤维的模量再次提高，直至达到纤维大分子主链和大多数次价键的断裂，直到纤维解体。在图1-13上为Sb段。强化区和屈服区的分界点叫强化点，即S点。

2. 影响纤维拉伸断裂强度的主要因素

（1）纤维的内部结构。

a. 大分子的聚合度。提高聚合度是保证高强度的首要条件，一般大分子聚合度越高，大分子从结晶区中完全抽拔出来就不太容易，大分子之间横向结合力也更大，所以强度越高。

b. 大分子的取向度。取向度越高，也就是大分子或基原纤排列越平行，大分子或基原纤长度方向与纤维轴向越平行，在拉伸中受力的基原纤和大分子根数越多，纤维断裂强度增加，断裂伸长率降低。

c. 大分子的结晶。纤维的结晶度越高，纤维的断裂强度、屈服应力和初始模量表现得越高。

（2）温湿度。

a. 温度。在纤维回潮率一定的条件下，温度高，大分子热运动提高，大分子柔曲性提高，分子间结合力削弱。因此，温度高，拉伸强度下降，断裂伸长率增大，初始模量下降。

b. 相对湿度和纤维回潮率。纤维回潮率越大，大分子之间结合力越弱，结晶区越松散，纤维强度越低，伸长率增大，初始模量下降。但天然纤维素纤维棉、麻的断裂强度和断裂伸长却随相对湿度的提高而上升。化学纤维中，涤纶、丙纶基本不吸湿，它们的强度和伸长率几乎不受相对湿度的影响。相对湿度对纤维强度与伸长率的影响，视各自吸湿性能的强弱而不同，吸湿能力大的，影响较显著，吸湿能力小的，影响不大。

（3）测试条件。

a. 试样长度。试样越长，测得的断裂强度越低。因为沿纤维长度方向，强度是不均一的，纤维总是在最薄弱处断裂，试样越长，出现最薄弱环节的概率越大，越容易发生断裂，强力下降。

b. 试样根数。由束纤维试验所得的平均单纤维强力比单纤维试验时的平均强力为低。

c. 拉伸速度。拉伸速度对纤维断裂强力与伸长率的影响较大。一般情况下，随拉伸速度增加，断裂强力、初始模量、屈服应力均会提高。

二、纤维的压缩性能

1. 纤维及其集合体的压缩性能

由于测量方面的困难，单根纤维沿轴向的压缩性能至今研究不多。纤维及其集合体的压缩主要表现在径向（即横向）受压。例如，在纺织加工中加压罗拉间的受压、经纬纱交织点处的受压以及纤维及其制品打包时的受压等。纤维受横向压缩后，在压缩方向被压扁，而在受力垂直方向上则变宽。具体情况可以参见表1-3。

表1-3 几种纤维的横向压缩性能

纤维种类	各种压力（cN）下的直径变化（%）[1]							除压后剩余变形（%）[2]
	49	98	196	294	392	490	637	
黏胶纤维	17.5	26.5	39.0	47.7	53.5	58.0	65.1	48.5
羊毛	16.0	24.5	35.0	42.7	47.5	51.0	56.2	35.2
锦纶	12.5	21.5	37.0	48.4	55.5	60.5	66.4	33.1

续表

纤维种类	各种压力（cN）下的直径变化（%）①							除压后剩余变形（%）②
	49	98	196	294	392	490	637	
涤纶	7.5	15.0	29.0	41.0	49.0	55.5	62.4	47.2
腈纶	16.5	27.5	41.0	49.6	55.5	60.0	66.2	55.6
蛋白质纤维	10.5	17.5	29.0	38.8	46.0	50.5	55.6	38.7
玻璃纤维	1.5	3.0	5.0	6.4	8.0	9.0	11.3	0.0

注：① $\dfrac{d_0 - d}{d_0} \times 100\%$（$d_0$ 为原始直径，d 为压缩后的直径）。

② $\dfrac{d_0 - d_n}{d_0} \times 100\%$（$d_n$ 为压缩恢复后的直径）。

纤维集合体在压缩时，压力与纤维集合体密度 δ 间关系如图 1-15 所示。当纤维集合体密度很小，或纤维间空隙率很大时，压力稍有增大，纤维间空隙缩小，密度增加极快，而且压力与密度间对应的关系并不稳定。当压力很大，纤维间空隙很小时，再增大压力，将挤压纤维本身，故集合体密度增加极微，抗压刚性增大，并表现出以纤维密度 δ_{max} 为极限的渐近线的特征，$\delta_{max} < \gamma$（γ 为纤维的密度）。

对纤维集合体加压再去除压力后，纤维集合体体积逐渐膨胀，但一般不能恢复

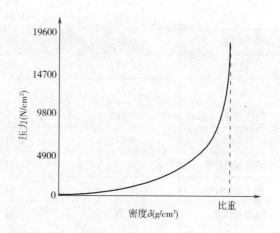

图 1-15　纤维集合体的压力与密度之间的关系

到原来的体积。压缩后的体积（或一定截面时的厚度）回复率表示了纤维集合体被压缩后的回弹性能。纤维集合体加压过程中的变形，也与拉伸相似。

作为保暖和救生絮制品，要求具有优良的压缩回复率，这样它的密度较稳定，能始终保持相当数量的空隙，从而具有优良的保暖性和浮力。

2. 纤维及其集合体在压缩中的破坏

纤维集合体在受强压缩条件下，纤维相互接触出现明显的压痕。压力严重时，开始出现纵向劈裂，这与纤维中大分子取向度较高、横向拉伸强度明显低于纵向拉伸强度有关。当压缩力很大时，这些劈裂会伸展，使纤维碎裂成巨原纤和原纤。例如，棉纤维集合体压缩后的密度达 1.00g/cm³ 以上，恢复后的纤维在显微镜中可以发现纵向劈裂的条纹，而且纤维强度下降，长度也因折断而略有减短。因此原棉棉包密度均在 0.40~0.65 g/cm³ 之间，不超过 0.8 g/cm³。而且打包越紧，纺纱厂使用前拆包、松懈及恢复压缩变形所需的时间也越长，有时还须控制温湿度以促进压缩变形的恢复，否则会影响开清棉效果，并易损伤纤维。

三、纤维的弯曲性能

1. 纤维的弯曲刚度

材料的弯曲刚度决定材料抵抗扭曲变形的能力。纤维的弯曲刚度大，则不易产生弯曲变形，手感较刚硬。

纤维粗细不同时，弯曲刚度与其线密度平方成正比。为了在纤维间相互比较，常采用单位粗细条件下的纤维弯曲刚度，称为纤维的相对弯曲刚度或比弯曲刚度。几种纤维的弯曲截面形状系数 η_f 和相对弯曲刚度 R_{Br} 值如表 1 - 4 所示。

表 1 - 4　纤维的抗弯性能

纤维种类	截面形状系数 η_f	比重 γ （g/cm³）	初始模量 E （cN/tex）	相对弯曲刚度 R_{Br} （cN·cm²）/tex²
长绒棉	0.79	1.51	877.1	3.66×10^{-4}
细绒棉	0.70	1.50	653.7	2.46×10^{-4}
细羊毛	0.88	1.31	220.5	1.18×10^{-4}
粗羊毛	0.75	1.29	265.6	1.23×10^{-4}
桑蚕丝	0.59	1.32	741.9	2.65×10^{-4}
苎麻	0.80	1.52	2224.6	9.32×10^{-4}
亚麻	0.87	1.51	1166.2	4.96×10^{-4}
普通黏胶纤维	0.75	1.52	515.5	2.03×10^{-4}
强力黏胶纤维	0.77	1.52	774.2	3.12×10^{-4}
富强纤维	0.78	1.52	1419.0	5.8×10^{-4}
涤纶	0.91	1.38	1107.4	5.82×10^{-4}
腈纶	0.80	1.17	670.3	3.65×10^{-4}
维纶	0.78	1.28	596.8	2.94×10^{-4}
锦纶 6	0.92	1.14	205.8	1.32×10^{-4}
锦纶 66	0.92	1.14	214.6	1.38×10^{-4}
玻璃纤维	1.00	2.52	2704.8	8.54×10^{-4}
石棉	0.87	2.48	1979.6	5.54×10^{-4}

从表 1 - 4 中可以看出，各种纤维的相对弯曲刚度差异很大。在天然纤维中，羊毛是所有纺织纤维中最柔软的，麻纤维是最刚硬的。在常用化学纤维中，锦纶是最柔软的，涤纶是最刚硬的。

2. 纤维弯曲时的破坏

在实际生产中，纤维和纱线的耐弯曲破坏性能常用勾结强度和打结强度来表征。该试验可在拉伸试验仪上进行，方法如图 1 - 16 所示。

一般情况下，纤维的勾结强度和打结强度总是小于其拉伸断裂强度，主要原因是，在勾结和打结处纤维或纱线产生弯曲变形，弯曲边缘处的纤维部分已达到和超过其拉伸断裂伸长率而使纤维弯曲折断，即整个纤维截面上应力是呈不均匀分布的，截面的断裂不是同时的。但这种不均匀分布会随着纤维的断裂伸长率增加而减小，所以，断裂伸长率大的纤维，其勾结（或打结）强度也高，如图 1－17 所示。

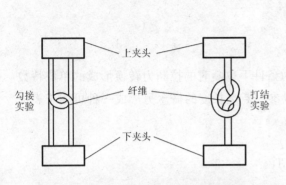

图 1－16　勾接强度和打结强度试验原理

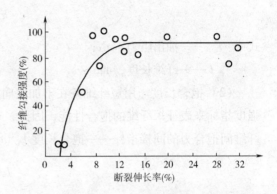

图 1－17　不同断裂伸长率纤维的勾结强度率

四、纤维的表面摩擦与抱合性能

1. 纤维摩擦与抱合性能的基本特征

当相互接触的纤维或使纤维与其他材料在法向压力下沿接触面相互滑移时，在接触面间将会产生阻碍这一滑移的切向阻力，该阻力与所加法向压力成正比。对一般材料，法向压力为零，该切向阻力亦为零。但是纺织材料在法向压力为零时，切向阻力并不为零，这是因为纺织纤维细软而多转曲，并有较好的弹性。当相互接触的不是纤维而使纤维集合体时，因为形成接触界面的依然是纤维，因此，上述特征仍然存在。按此分析，在纤维接触界面处产生的切向阻力 F 应由两部分组成，即法向压力为零时的切向阻力和因法向压力而引起的切向阻力，前者称为抱合力（或集束力）F_1，后者称为摩擦力 F_2。

定义切向阻力与接触面上法向压力 N 之比为切向阻抗系数 μ，即：

$$\mu = \frac{F}{N}$$

因为只有摩擦力和法向压力 N 有关，因此，上式又可改写为：

$$\mu = \frac{F_2}{N} + F_1$$

2. 纤维抱合性能的表征指标

纤维抱合能力来自纤维表面状态和纤维形态提供的机械阻抗。由于纤维在纱线或是其他形式的集合体中，并不都伸直平行，而是通过相互纠缠、钩挂或借助其他物质（如丝胶、糊料）集合在一起的。这时即使法向压力为零，但移动时也仍会有阻力，该阻力有助于提高集合体中纤维间的集束能力，习惯上把这种集束能力成为集合体的抱合力。表达抱合性能的指标如下：

（1）抱合系数。用从不加法向压力的纤维束中抽出纤维时的阻力作为表征该集合体中纤维间抱合力的间接指标。阻力越大，说明纤维间抱合得越紧密，纤维集束性越好。由于纤维长度对抱合的影响，为此，可用单位长度纤维的抽出阻力来表征这一集束能力，并定义该比值为抱合系数 h（cN/mm）：

$$h = \frac{F_1}{l}$$

式中：F_1——抽出阻力，cN；

l——纤维长度，mm。

（2）抱合长度。用短纤维条在不加法向压力条件下拉断时的拉断力转换形成的单位特数强度指标来表征短纤维的抱合性能，因此，可以参照断裂长度的概念另形成一种可用于表征纤维间抱合力的间接指标——抱合长度 L_h（cN/tex）。

$$L_h = \frac{F_1}{Tt}$$

式中：F_1——纤维条的拉断力，cN；

Tt——纤维条的线密度，tex。

表 1-5 给出了几种短纤维的抱合长度值。

表 1-5　几种短纤维的抱合长度

纤维种类	纤维线密度（dtex）	纤维长度（mm）	20℃时的抱合长度 ×10⁻³（mN/tex）	50℃时的抱合长度 ×10⁻³（mN/tex）
羊毛纤维	直径 23μm	55	30	48
涤纶	4.4	70	65	75
锦纶	3.3	70	95	156
腈纶	3.9	90	47	45

（3）抱合次数。将受有一定张力的生丝（即含胶蚕丝长丝纱），置于两组相嵌排列的金属摩擦片之间，由于这两组金属摩擦片被分成上下两层，因此放在这两组金属片间的生丝被压折成屈曲波状，使金属摩擦片在生丝上往复摩擦。一般规定同时摩擦 20 根生丝，当发现有半数以上的生丝有断裂，且长度在一定尺寸（取 6mm）以上时，这时的摩擦次数即可作为表征生丝集束能力的指标，称为抱合次数。

五、疲劳性能

（一）应力松弛和蠕变的基本概念

1. 定义

（1）应力松弛。纤维在拉伸变形恒定条件下，应力随时间的延长而逐渐减小的现象称为应力松弛。

（2）蠕变。纤维在一恒定拉伸外力作用下，变形随受力时间的延长而逐渐增加的现象称为蠕变。

2. 三种形变

纤维的蠕变回复曲线如图 1–18 所示，伸直变形可以分为三种，三部分变形的比例由纤维的内部结构决定。

（1）急弹性变形。第一部分变形是在外力作用下，纤维大分子主链的键长和键角增加以及分子键之间次价键的伸长，且伸长变形与外力成正比，伸长或回复的速度与原子的热振动速度相当，可以看作是瞬时的，即 ε_1 和 ε_3。

（2）缓弹性变形。第二部分变形是外力作用下，非结晶区中一部分分子链段从卷曲状态沿力场方向伸展，这时必须克服分子间或分子内的各种远程或近程的次价键力，变形过程比较缓慢。当外力去除后，伸展的大分子间又通过键节的热运动而重新取得卷曲构象的趋向，这一过程同样需要克服各种远程和近程的次价键力，该过程需要时间。这部分随时间而逐步伸长或回复的变形成为缓弹性变形，即 ε_2 和 ε_4。

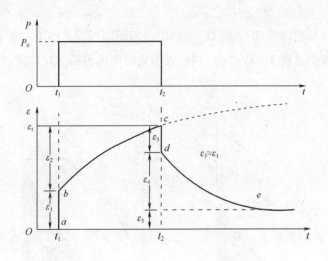

图 1–18 纤维的蠕变及蠕变回复曲线

（3）塑性变形。第三部分变形是外力作用下，大分子链间产生不可逆的位移，即分子链在克服次价键力后伸长或分子链间相互滑动，在新的状态下重新建立较强的次价键，使分子链节的热运动不可能克服新的次价键力而回复，即产生了塑性变形 ε_5。

在纺织加工和使用过程中必须注意不使纤维材料长期处于紧张状态，以避免蠕变或应力松弛现象发生。如布机长期停车时，须使之处于综平状态，以避免经纱受力，产生应力松弛，纱线下垂，再开车时由于开口不清而形成织疵。各种卷装或机上的半制品储存太久，也会因应力松弛而松烂等。提高温度和相对湿度，可使纤维中大分子链间的次价键力减弱，促使蠕变和应力松弛过程加速完成。生产上可用高温高湿来消除纤维材料的内应力，如织造或针织前对纬纱的蒸纱或给湿，可以促进加捻时引起的内应力消除，防止织造时纱线的退捻和可能形成的纬缩甚至小辫子等疵点。

（二）纤维的弹性

纤维的弹性是指纤维承受负荷后产生变形，负荷去除后，具有恢复原来尺寸和形状的能力，它影响纺织材料的耐磨性、抗折皱性、手感、尺寸稳定性、耐冲击性、抗疲劳性等许多性能。

1. 弹性的指标

表示纤维弹性的常用指标是弹性回复率 e_ε。它是指急弹性变形 ε_3（$\approx \varepsilon_1$）和一定时间内的缓弹性变形 ε_4 两种变形之和占总变形 ε_T 的百分率，即：

$$e_\varepsilon = \frac{\varepsilon_1 + \varepsilon_4}{\varepsilon_T} \times 100\% = \frac{de}{oe} \times 100\%$$

还可以用弹性功回复率或功回复系数 e_W 表示纤维的弹性，即：

$$e_W = \frac{W_e}{W} \times 100\% = \frac{\text{面 cbe}}{\text{面 oabe}} \times 100\%$$

式中：W_e——弹性回复功；

$\quad\ W$——拉伸伸长的总功。

上述两个弹性指标值随采用拉伸试验机的类型不同而不同，图 1-19（a）为常用的等速伸长型试验机的拉伸图；图 1-19（b）则是等加负荷型试验机的拉伸图。

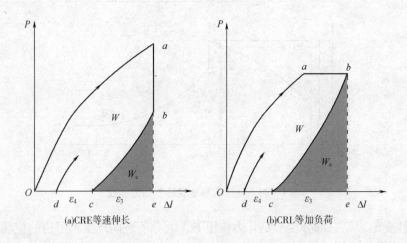

图 1-19　等速伸长和等加负荷试验机拉伸图

2. 影响纤维弹性的因素

（1）纤维的内部结构。由纤维产生三部分变形的机理可知，不同结构的纤维，回弹性是不同的。如羊毛纤维的大分子是 α 螺旋结构，大分子柔曲性好，又有氢键、盐式键等结合点，还有二硫键，形成网状结构，所以弹性优良。棉、麻、黏胶纤维等大分子刚性强，柔曲性差，分子链间氢键极性强，弹性差。

（2）外部条件。拉伸试验机机型、定伸长或者定负荷的大小、停顿时间、温湿度都对弹性回复性有关。一般弹性好的纤维织成的织物耐磨性较好，耐疲劳性能优良。

第七节　纺织纤维的热学、光学、电学性质

一、纤维的热学性质

纤维材料在不同的温度条件下会表现出不同的物理性能，这种与温度相关联的物理性能称为纤维的热学性质。

（一）纤维热学指标

（1）比热。单位质量的纤维，温度升高（或降低）1℃所需要吸收（或放出）的热量，叫纤维的比热，单位为 J/（g·℃）。

纤维的比热值随着温度条件的变化而变化，比热值的大小，反映材料释放、储存热量的能力，或者温度的缓冲能力。比热较大的纤维，温度升高（或降低）1℃所需要吸收（或放出）的热量较多，纤维的温度变化相对困难；反之，纤维的温度变化相对容易。

由于比热随温度条件变化而变化，所以要比较纤维比热的大小，通常放在相同条件下进行测试，表 1-6 是在室温 20℃下测得的干燥纺织纤维的比热。

表 1-6　常见干燥纺织纤维的比热表（测定温度为20℃）　单位：J/（g·℃）

纤维种类	比热值	纤维种类	比热值	纤维种类	比热值
棉	1.21~1.34	黏胶纤维	1.26~1.36	芳香聚酰胺纤维	1.21
羊毛	1.36	锦纶6	1.84	醋酯纤维	1.46
桑蚕丝	1.38~1.39	锦纶66	2.05	玻璃纤维	0.67
亚麻	1.34	涤纶	1.34	石棉	1.05
大麻	1.35	腈纶	1.51	静止干空气	1.01
黄麻	1.36	丙纶（50℃）	1.80	水	4.18

注　表中列出静止干空气和水的比热值主要是为了对比。

由表 1-6 可知，水的比热最大，各种干燥纺织纤维的比热值相差不大，处于静止干空气和水之间。

由于水的比热大于干燥纤维的比热，所以纤维的比热会随回潮率的增加而增大。当回潮率一定时，温度越高比热越大，因为纤维吸湿是放热的。

（2）导热系数。表征纤维材料在一定的温度梯度场条件下，热能通过物质本身扩散的速度。其物理意义：当纤维材料的厚度为1m，两端温差为1℃时，1s内通过1m²纤维材料传导的热量焦耳数。单位为 W/m·℃。用公式表示：

$$\lambda = \frac{Q \cdot d}{\Delta T \cdot t \cdot s}$$

式中：λ——导热系数，W/m·℃；

　　Q——热量，J；

t——热量传导的时间，s；

S——传导截面积，m^2；

d——纤维制品厚度，m；

ΔT——纤维材料两表面之间的温度差，℃。

导热系数的倒数称为热阻，表示纤维材料在一定温度梯度条件下，热能通过物质本身扩散的速度，即对热量传递的阻隔能力。导热系数越小，热阻越高，表示材料的导热性越低，热绝缘性或保暖性越好。常见纺织纤维的导热系数见表1-7。

表1-7 常见纺织纤维的导热系数 λ

纤维制品	λ [W/ (m·℃)]	纤维制品	λ [W/ (m·℃)]
棉纤维	0.071 ~ 0.073	涤纶	0.084
羊毛纤维	0.052 ~ 0.055	腈纶	0.051
蚕丝纤维	0.05 ~ 0.055	锦纶	0.244 ~ 0.337
黏胶纤维	0.055 ~ 0.071	丙纶	0.221 ~ 0.302
醋酯纤维	0.05	氯纶	0.042
羽绒	0.024	静止干空气	0.026
木棉	0.32	纯水	0.697
麻	—	—	—

注 表中列出静止干空气和水的导热系数主要是为了对比。

由表1-7可知，水的导热系数最大，静止干空气的导热系数最小，所以空气是最好的热绝缘体。因此纤维集合体的保暖性主要取决于纤维间静止空气的含量和水分的多少，静止空气越多，保暖性越好；水分越多，保暖性越差。空气的流动会使保暖性下降，下降的程度取决于纤维间静止空气在风压影响下流动的速度。

导热系数与纤维结构、空隙、空气含量及流动性、水分含量等都有关系。一般来讲，纤维结晶度越高，有序排列的部分越多，有利于热传递，导热系数越大。实践表明，纤维集合体密度在 0.03 ~ 0.06g/cm³ 导热系数最小，因此通过制造中空纤维，增加纤维卷曲，使纤维集合体能保有较多的静止空气，已成为提高化学纤维保暖性的重要途径。纤维细度越小，纤维制品的热辐射穿透能力越弱，且在同样密度下相对的间隙越小，静止空气的作用提高，导热系数越小。温度升高后，热量的传递能力增强，纤维材料导热系数随温度升高而增大。水的导热系数最大，因此回潮率越高，导热系数越大，保暖性越差。

（二）热力学性能

热作用或者不同温度下，纤维的力学性质和形状都会发生转变，甚至存在很大的差异。了解这些特征，对合理进行纤维加工和正确使用纤维具有重要意义。

1. 纤维材料的热力学三态

对于绝大多数纤维来讲，其内部结构存在结晶区和非结晶区。对于非结晶区的无定形区来说，在纤维受热时其热力学性质呈现三态两转变区，如图1-20所示。

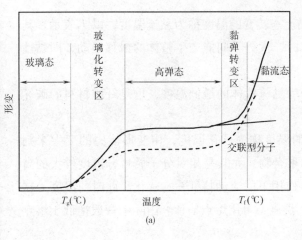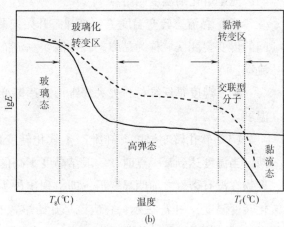

图 1-20　非晶态材料的热力学性质

（1）玻璃态。在低温时，纤维内部大分子热运动能量比较低，链段运动被冻结，运动单元只有侧基、链节、短支链等短小单元，运动方式主要为局部振动和键长、键角的变化。因此，纤维的弹性模量很高，强力高，变形能力很小，且外力去处后变形很快消失，纤维硬脆，表现出类似玻璃的力学性质，故称玻璃态。当温度进一步升高，运动单元尺寸增加，纤维大分子有一定的回转能力，纤维表现出较好的柔曲性、坚韧性，大作用力情况下可见塑性变形。这个状态常被称为软玻璃态（或称为强迫高弹态），绝大多数纤维在室温条件下就处于这个状态。

（2）玻璃化转变区。该转变区对温度变化敏感，几乎所有物理性质如比热、导热系数、热膨胀系数、模量、介电常数和双折射率等，均发生突变。在该转变区内，由于温度升高，分子链段开始"解冻"，使分子的构象发生变化。将该转变温度称为玻璃化温度，用 T_g 表示。严格地说，T_g 是一个温度范围。

（3）高弹态。当温度继续升高超过某一温度后，纤维的弹性模量突然下降，纤维受较小的力的作用就发生很大变形，而且当外力解除后，变形迅速恢复。纤维内部的链段可以运动，使大分子发生卷缩、伸长变形比较容易，而且易于通过链段的热运动回复原来的形态。在曲线上出现一个平台区，这个区间的力学行为类似于橡胶的力学特征，纤维的这种力学状态就称为高弹态，高弹态是指大分子链段可以运动的状态，但没有分子链的滑移。

（4）黏弹转变区。由于温度继续升高，分子链运动加剧，表现出大分子链在长范围内或整体发生相对滑移，纤维变形迅速增加，模量迅速下降，此转变温度称为黏弹转变温度 T_f。

（5）黏流态。当温度高于 T_f 后，纤维大分子链段运动剧烈，各大分子链间可以发生相对位移，变形显著增加并不可逆，纤维呈现出黏性液体状，纤维的这种力学状态就称为黏流态。

2. 热转变温度

（1）熔点 T_m。熔点是指晶体从结晶态转变为熔融态的转变温度，反映纤维材料在使用中的耐热程度，也可以作为鉴别纤维的依据。低分子物的这种相变在很窄的温度范围内完成。对于纤维材料，它的熔化有一个较宽的温度区间——熔程，通常把开始熔化的温度叫起熔点；

晶区完全熔化的温度叫熔点 T_m。

（2）黏流态转变温度 T_f。高弹态开始向黏流态转变的温度称为黏流温度，以 T_f 表示，其间的形变突变区域称为黏弹态转变区。黏流态时，大分子间能产生整体的滑移运动，即黏性流动。

黏流温度是纤维材料失去纤维形态逐渐变为黏流液体的最低温度，也是纤维材料的破坏温度。

（3）软化转变温度。纤维产生软化转变的温度称为软化温度，用变形能力的变大来判断。当温度达到某一点时，一般结晶度不高的聚合物，尤其是相对分子质量分散度较大的高聚物在没有熔融之前明显变形，即呈现出外力作用下的流动特征——软化。此时的温度为软化转变温度，用 T_s 表示。它应该是开始熔融的温度，可用熔点估计。国际上一般把低于熔点20~30℃的温度称为软化温度。

（4）玻璃化转变温度 T_g。纤维材料由玻璃态开始向高弹态转变的温度称为玻璃化转变温度，玻璃态向高弹态的转变在一定的温度区间内完成，不同材料的转变区间不同，一般在3~5℃。在此区间纤维材料几乎所有的物理性质都发生转变。

（5）脆折转变温度。脆化温度 T_b 或脆化点是指在温度很低的时候，高聚物内的链节、链段等运动单元都被"冻结"，此时，纤维呈现出模量很高、变形很小、脆性破坏的特征，出现这种转变的温度点称为脆折转变温度，用 T_b 表示。它表示的是纤维材料的耐寒性，T_b 越低，说明纤维材料在低温下的使用性能越好。

（6）热破坏温度。有多种热破坏温度：定形效果的破坏温度是玻璃化温度；材料开始失去其强韧和形状的破坏温度是软化点；材料完全失去固体状态的破坏温度是熔点；大分子被破坏为小分子的温度是分解温度；熨烫衣物不被破坏的最高温度是熨烫温度。

（三）热定形

1. 概念

热定形是指在热的作用下进行的定形，其目的是消除纤维材料在加工中所产生的内应力，使纤维材料的形状在热作用下固定并获得一定的尺寸稳定性、形态保持性、弹性、手感等。生活中的衣物熨烫、生产中弹力丝的加工、蒸纱、毛织物煮呢、电压及其他整理工艺都是在运用热定形。

2. 热定形的效果

热定形的效果从时效和内部结构的稳定机理来看可以分为暂时定形与永久定形。暂时定形是指稳定时间短、抗外界干扰能力差的定形，因为没有充分消除纤维内部的内应力，其织物在热定形后的使用中会较快消失，如对普通纯棉布的一般热定形。永久定形不但使内应力充分消除，而且使纤维内部形成了新的分子间的稳定结合，所以永久定形的纤维材料，其外观维持能力强。

3. 影响热定形效果的因素

（1）温度。纤维热定形的温度必须高于玻璃化温度，低于黏流温度。温度太低，大分子运动困难，内应力难以完全消除，达不到热定形的效果。温度太高，会使纤维受到损伤，颜色变黄，手感发硬，甚至熔融。

（2）时间。大分子间的联结只能逐步拆开，达到比较完全的应力松弛需要时间，重建分子间的联结也需要时间。在一定范围内，温度较高时，热定形时间可以缩短；温度较低时，时间需要较长。

（3）张力。在热定形过程中对织物施加张力，有利于布面的舒展和平整即热定形效果的提高。对于轻薄织物，要求具有滑爽挺括风格，施加张力相对大一些；厚而松软的织物，施加张力相对小一些。

（4）定形介质。最常见的定形介质是水或湿气，水可以有效地降低纤维材料的玻璃化温度，吸湿性越强的纤维下降幅度就越大。采用合适的化学试剂会比水更有效地拆解大分子之间的作用力，降低热定形温度，既达到定形的目的，又把对纤维的损伤降低到最低。

（四）阻燃性

纤维的燃烧是指纤维受热分解，产生可燃气体并与氧反应燃烧，所产生的热量反作用于纤维导致进一步的裂解、燃烧和炭化，直至纤维全部烧烬和炭化。

纤维材料抵抗这种燃烧的性能称为阻燃性。织物的阻燃是指纺织物遭遇火源时能自动阻断燃烧的继续进行，离火后自动熄灭不再续燃或阴燃的能力。

1. 阻燃性指标

（1）极限氧指数 LOI。极限氧指数是指纤维材料在氧气和氮气的混合气中，维持完全燃烧状态所需的最低氧气体积分数。用公式表示：

$$LOI = \frac{V_{O_2}}{V_{O_2} - V_{N_2}} \times 100\%$$

LOI 数值越大，说明燃烧时所需氧气的浓度越高，纤维材料常态下越难燃烧，阻燃性越好。在正常的大气中，氧气约占 20%，所以从理论上可以认为纤维材料的 LOI 只要超过空气的含氧量，那么其在空气中就有自熄作用。但实际上，在发生火灾时，由于空气中对流等作用的存在，要达到自熄作用，纤维材料的 LOI 需要在 25% 以上，所以当纤维的 LOI 达到 27% 时，就认为具有阻燃作用。

根据 LOI 数值以及纤维的燃烧状态，可以把纤维材料的阻燃性定性地分为四种，易燃纤维、可燃纤维、难燃纤维、不燃纤维。纤维材料的燃烧性分类见表 1-8

表 1-8 纤维材料的燃烧性

分类	LOI（%）	燃烧状态	纤维品种
易燃纤维	≤20	易点燃，燃烧速度快	丙纶、腈纶、棉、麻、黏胶纤维等
可燃纤维	20～26	可点燃，能续燃，但燃烧速度慢	涤纶、锦纶、维纶、羊毛、蚕丝、醋酯纤维等
难燃纤维	26～34	接触火焰燃烧，离火自熄	芳纶、氟纶、氯纶、改性腈纶、改性涤纶、改性丙纶等
不燃纤维	≥35	常态环境及火源作用后，短时间不燃烧	多数金属纤维、碳纤维、石棉、硼纤维、玻璃纤维及 PBO、PBI、PPS 纤维

（2）点燃温度。点燃温度是指纤维燃烧所需的最低温度，是燃烧的激发点温度，又称着火点温度。取决于纤维的热降解温度和裂解可燃气体的点燃温度，其值越高，纤维越不易被点燃。

（3）燃烧温度。燃烧温度又称火焰最高温度，是指纤维材料燃烧时火焰区中的最高温度值。其反应纤维材料在燃烧中的反应速度及其热能的释放量。其值越高，说明纤维的燃烧性越强，且对纤维进一步燃烧的正反馈作用越强。

（4）续燃时间。续燃时间是指在规定的试验条件下，移开火源后纤维材料持续有焰燃烧的时间。其主要反映纤维材料持续燃烧的能力。

（5）阴燃时间。阴燃时间是指在规定的试验条件下，当有焰燃烧终止后，或者移开火源后，纤维材料持续无焰燃烧的时间。

阴燃只在固—气相界面处燃烧，不产生火焰或火焰贴近可燃物表面的一种燃烧形式，燃烧过程中可燃物成炽热状态，也称为无焰燃烧或者表面炽热型燃烧。

（6）损毁长度。损毁长度是指在规定的试验条件下，在规定的方向上，材料损毁面积的最大距离。长度越大，纤维材料越易燃烧。

（7）火焰蔓延时间。火焰蔓延时间是指在规定的试验条件下，火焰在燃烧着的材料上蔓延规定距离所需要的时间。

（8）火焰蔓延速度。火焰蔓延速度是指在规定的试验条件下，单位时间内火焰蔓延的距离。

2. 纤维材料阻燃的途径

纤维材料阻燃的原理是通过阻止或减少纤维热分解、隔绝或稀释氧气和快速降温使其终止燃烧。提高纤维材料的阻燃性有两种途径。

（1）制造阻燃纤维。在纺丝原液中加入阻燃剂纺制成阻燃纤维，例如阻燃腈纶、阻燃涤纶等改性阻燃纤维。也可以由耐高温的高聚物纺制成阻燃纤维，例如芳纶、聚对苯亚甲基苯并二恶唑（PBO）纤维等。

（2）对纤维制品进行阻燃整理。利用阻燃剂在纤维制品上形成涂层达到阻燃的目的。缺点是导致织物手感变差、耐洗牢度降低等问题。

二、纤维的光学性质

纤维材料的光学性质是指纤维在光照射下表现出来的性质。主要包括光泽，纤维对光的吸收、反射、折射以及耐光性等。

（一）光泽

1. 三类反射

纺织纤维的光泽，既与光的反射和折射有关，又与光的透射有关。纤维的光泽取决于镜面反射、漫反射、散反射三类反射。从反射光来看，如果平行光射向界面为平面的物体，反射出来的仍将是平行光，这种反射称为镜面反射。镜面反射的物体将表现出很强的光泽。如果平行光射向界面粗糙的物体，反射出来的光均匀地射向各个方向，这种反射称为漫反射。

漫反射的物体表现出均匀而柔和的光泽。因光子的多次碰撞而散射出的光线，称散射光。其与入射光的角度无关，与入射光能量和纤维表层结构与组成有关。

2. 影响纤维光泽的主要因素

纤维的光泽取决于它的纵向形态、截面形状、层状结构等。

（1）纤维纵向形态。主要看纤维沿纵向表面的凸凹情况和表面粗糙程度。如纵向光滑，粗细均匀，则漫反射少，镜面反射高，表现出较强的光泽。丝光棉使棉纤维膨胀而使天然转曲消失，纵向变得平直光滑，光泽变强。粗羊毛比细羊毛的光泽好，是因为粗羊毛表面的鳞片分布较稀且平贴于表面，表面较为光滑，细羊毛表面的鳞片则分布较密且鳞片翘角较高，光泽柔和。化学纤维中添加的消光剂不但造成纤维表面的不平整使漫反射增强，而且这些小颗粒的消光剂也增加了纤维吸收光线的能力。

（2）纤维横截面形状。以典型圆形和三角形截面为例，其他横截面形状可以看作是圆形和三角形的组合。对于圆形截面纤维，虽光线在纤维的表面被反射，但进入纤维的光线可在纤维内部的反射面上产生透射和反射。平行光束照射时，圆形截面纤维就如同一面凸透镜，透射光会形成聚焦，形成极光点或线，称为"极光"效应。光线在纤维体内的多次反射也会造成晶亮透明的效果。对三角形截面纤维，照射到纤维上的光线会产生强烈的镜面反射效果。当像棱柱晶体一样转动时或不同视角观察时，会产生光泽明暗相间的现象，称为"闪光"效应。三角棱镜的色散作用，还会产生不同色彩效应。化学纤维的横截面形状可以人工设计制造，可以利用形状来获得各式各样的光泽效果。

（3）纤维层状结构。层状结构使纤维体内光的折射率产生差异。当光照射到具有层状结构的纤维上时，在纤维表面发生第一次光的反射与折射，一部分光线从纤维表面反射出来；而折射入纤维内部的折射光在到达纤维的第一和第二层界面时，发生第二次光的反射与折射。折射后的光线继续进入纤维的第二层，并在第二和第三层界面上发生光的反射与折射。如图1-21所示。依次类推，最后，所有纤维内部各个层面上产生的反射光，部分被纤维吸收，部分仍折回到纤维表面而射出纤维体。多层反射作用使到达纤维表面的反射光产生叠加，不同波长光还会产生干涉作用，使纤维呈现出较强的光泽而不耀眼。

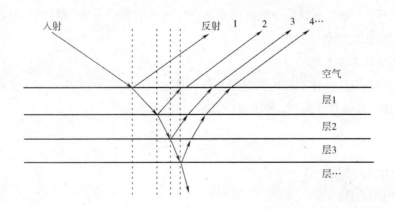

图1-21　纤维层状结构的多层反射与折射示意图

（二）折射与双折射现象

对于一般的透明或半透明物体来说，当其受倾斜方向的一束入射光照射时，在物体表面会分成一束反射光和一束折射光，其反射角、折射角分别遵从反射定律和折射定律。但是对于某些透明晶体，会将入射光分裂成两束，沿不同方向折射，这种现象称为双折射现象。这两条光线都是偏振光，而且振动面大致相互垂直。其中一条光线的传播速度和折射率与折射方向无关，它遵守折射定律，此偏振光的振动面与光轴垂直，称为寻常光，简称 O 光或快光，折射率以 $n_{//}$ 表示；另一条光线的传播速度和折射率随折射方向而异，此偏振光的振动面与光轴平行，称为非常光，简称 E 光或慢光，折射率以 $n_{\perp}$ 表示，双折射率 $\triangle n = n_{\parallel} - n_{\perp}$。

当光线沿着晶体的某些方向射入并传播时不会发生双折射现象，则此方向称为光轴，只有一个光轴的晶体称为单轴晶体。

纺织纤维大多都属于单轴晶体，所以当一束光线照射时，进入纤维内的折射光也会分成方向不同的两束折射光。由于纤维中大分子的方向大都与纤维轴向大致平行，其光轴也就一般与纤维轴向平行，因此双折射率的大小可以反映纤维大分子的取向程度。双折射率越大，说明大分子排列越整齐，且越平行于纤维轴向，取向度越大；反之，当大分子排列紊乱时，双折射率将为零。因此双折射率也是纤维各向异性性能的光学表现。

（三）耐光性

纤维材料在日光照射下，其力学性质会发生变化，颜色泛黄，发脆，光泽暗淡，各项性能下降直至最后丧失使用价值。纤维材料抵抗日光破坏的性能称为耐光性。常见的纤维材料耐光性的大致排序是：腈纶＞羊毛＞麻＞棉＞黏胶纤维＞涤纶＞锦纶＞蚕丝。

三、纤维的电学性质

纺织纤维在加工和使用过程中经常遇到与电有关的一些现象，如导电现象、介电现象、静电现象等。研究并掌握这些电学性质对实际生活具有重要的意义。

（一）导电性质

在电场作用下，电荷在材料中定向移动而产生电流的特征称为材料的导电性质，纤维材料导电性质的物理量为纤维的比电阻。

1. 纤维比电阻及其表达

（1）体积比电阻 ρ_v。体积比电阻是指单位长度上所施加的电压 U/L 与单位截面上所流过的电流 I/S 之比，其值是电阻率，单位 $\Omega \cdot cm$。

$$\rho_v = \frac{U/L}{I/S} = R \cdot \frac{S}{L}$$

式中：ρ_v——体积比电阻，$\Omega \cdot cm$；

$\quad R$——电阻，Ω；

$\quad S$——纤维体的截面积，cm^2；

$\quad L$——电极板间距离，cm。

（2）表面比电阻 ρ_{s}。纤维柔软细长，体积或截面积难以测量，而通常纤维导电主要发生在表面，因此采用表面比电阻 ρ_{s} 表达。ρ_{s} 是单位长度上的电压（U/L）与单位宽度上流过的电流（I/H）之比，单位 Ω。

$$\rho_{\mathrm{s}} = \frac{U/L}{I/H} = R \cdot \frac{H}{L} \qquad 49$$

式中：ρ_{s}——表面比电阻，Ω；

$\quad R$——电阻，Ω；

$\quad H$——电极板的宽度，cm；

$\quad L$——电极板间距离，cm。

（3）质量比电阻 ρ_{m}。考虑纤维材料比电阻测量的方便，引入质量比电阻 ρ_{m} 的概念，即单位长度上的电压（U/L）与单位线密度纤维上流过的电流 $I/$（W/L）之比，单位为 $\Omega \cdot \mathrm{g/cm}^2$。

$$\rho_{\mathrm{m}} = \frac{U/L}{I/(W/L)} = R \cdot \frac{W}{L^2} = \gamma \cdot \rho_{\mathrm{v}}$$

式中：ρ_{m}——质量比电阻，$\Omega \cdot \mathrm{g/cm}^2$；

$\quad W$——纤维质量，g；

$\quad \gamma$——纤维密度，$\mathrm{g/cm}^3$；

$\quad L$——电极板间距离，cm。

2. 影响纤维比电阻的主要因素

（1）吸湿对纤维比电阻的影响。吸湿对纤维材料的比电阻影响较大。干燥的纤维材料在吸湿后比电阻迅速下降，导电性有所改善。

（2）温度对纤维比电阻的影响。纤维材料的比电阻随温度的升高而下降，导电性能增加。对大多数纤维材料来说，每当温度升高10℃，其比电阻约降低4/5。

（3）纤维附着物的影响。如棉纤维有棉蜡、棉糖，羊毛纤维有羊毛油脂、羊毛汗，蚕丝纤维有丝胶，麻纤维有果胶、水溶性物质，化学纤维上有化纤油剂，这些杂质或伴生物的存在都会降低纤维材料的比电阻，提高纤维的导电性能。

（4）其他因素对纤维比电阻的影响。测试时电压的高低、测试时间的长短、电极的形状和材料、纤维集合体的体积重量及与电极的接触状态、纤维制品的形态和结构、混纺产品的混纺比等因素都会影响比电阻。

（二）介电性质

1. 介电现象和介电常数

所谓介电现象是指绝缘体材料（也叫电介质）在外加电场作用下，内部分子形成电极化的现象。

纤维的介电常数是指在电场中，由于介质极化而引起相反电场，使电容器的电容变化，其变化的倍数称为介电常数。其数值为：$\varepsilon_{\mathrm{r}} = C/C_0$，物理意义是表示材料在电场中被极化的程度，反映材料的储电能力，其中，C 为电容器极板间充填介质时的电容量，C_0 为电容器极板间为真空时的电空量。测量频率为 1kHz，空气相对湿度 65% 时的常见纺织纤维的介电常数见表 1-9。

表 1-9　常见纺织纤维的介电常数

纤维	介电常数 ε_r	纤维	介电常数 ε_r
棉	18	锦纶短纤维	3.7
羊毛	5.5	锦纶丝	4.0
黏胶纤维	8.4	涤纶短纤维，去油	2.3
黏胶丝	15	涤纶短纤维	4.2
醋酯短纤维	3.5	腈纶短纤维，去油	2.8
醋酯丝	4.0		

2. 介电损耗

在交变电场作用下，纤维材料的极性基团以及纤维内部的水分子会发生极化，极化分子部分沿着电场方向定向排列，并随着电场方向的变换不断地作扭转交变取向运动，分子间发生碰撞、摩擦、生热，消耗能量。这种电介质在电场作用下引起发热的能量消耗，称为介电损耗。

由于纺织纤维的比电阻通常较大，可作为电工绝缘材料，这时介电损耗应当越小越好，以免材料发热老化而毁坏。但是，利用介电损耗的原理，可以对纤维材料进行加热烘干。即利用高频电场加热物体，或采用更高频率的微波加热技术，对纤维或纺织材料进行干燥处理。

（三）静电性质

1. 静电现象

不同纤维材料之间或纤维与其他材料之间，由于接触和摩擦作用使纤维或其他材料上产生电荷积聚的现象称为静电现象。静电现象在纤维及其制品的使用加工过程中会给人们带来许多麻烦，如成条质量变差，纱线断头增加及条干和毛羽恶化，短纤维易成飞花或黏附机件，长纤维易缠机件，衣服则易吸灰尘、打火、裹缠人体，严重的还会引起火灾事故。但静电现象也会给人们带来有许多益处，如静电纺纱、静电植绒等。

2. 表达静电特性的指标

（1）最大静电压。纤维材料在一定外界作用（摩擦或高压放电）下，经一段时间所能达到的最大静电压值。

（2）表面电荷量。织物单位面积上所带电荷量。用规定摩擦材料摩擦试样，使试样带电后，测定投入法拉第筒后试样的电位，再换算成单位面积上的带电量。

（3）半衰期。纤维材料在达到某一或最大静电压时，卸去外界作用后，静电荷衰减到该值一半时所需要的时间，称为电荷半衰期。静电半衰期越长，静电现象越显著。

（4）表面电导率。表面比电阻的倒数。

3. 纺织纤维的静电电位序列（图 1 –22）

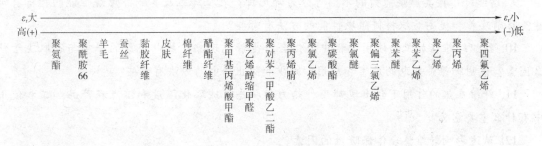

图 1 –22　静电电位序列图

4. 消除静电的常用方法

（1）增加车间的相对湿度。通过增加车间的相对湿度降低纤维材料的静电的产生，加快静电的逸散速度，但并不是对所有的纤维都有用，对于一些吸湿性差的纤维，可能不起多大作用，搞不好还会产生反作用，使纺织加工不能顺利进行。

（2）使用表面活性剂。所用的表面活性剂本身就有提高润滑、较少摩擦、增加吸湿的能力，甚至具有抗静电能力，所以此类表面活性剂也被称为抗静电剂。这种方法特别适合化纤和羊毛的静电消除，也是目前最常用的方法之一。

（3）采用不同纤维混纺。采用不同纤维混纺的主要方法，一是在较易产生静电现象的合成纤维中混入吸湿性较强的天然纤维或黏胶纤维，增加混纺材料的回潮率，达到消除静电的作用；二是按起电序列使与摩擦机件摩擦后带正电荷的纤维与摩擦后带负电荷的纤维进行混纺，两种电荷相消而达到消除静电的目的。

（4）采用抗静电纤维。这种方法不但治标而且治本，还能使生产顺利，同时穿着使用也令人满意。但永久抗静电的纤维加工是比较困难的，现在较常见的方法是混入或织入金属纤维，随着金属纤维使用量的增加，虽然抗静电性有所改善，甚至电磁屏蔽效果也有很大提高，但织物造价上升，手感下降，保暖能力减弱。因此，最好的办法是设计制造出满意的抗静电纤维。

（5）改善机件的摩擦和导电。通过改进机件的材料和结构减少静电。

☞ **思考题**

1. 纤维结构主要讨论哪些内容？对纤维性能有何影响？

2. 什么是纤维长度？纤维长度有几种形式？

3. 纤维卷曲对纺织品加工和使用有何影响？

4. 纤维细度指标有哪些？各自的意义是什么？

5. 纤维细度不匀指什么？如何测量？

6. 纤维的拉伸曲线是什么？从拉伸曲线上可以得到哪些纤维力学指标，如何求得？

7. 分析纤维拉伸断裂的机理，并分析影响纺织纤维拉伸性能的因素有哪些。

8. 什么是纤维的蠕变和应力松弛，二者对纺织加工有何影响？

9. 纺织纤维按其燃烧能力的不同可分为哪几种？表征纤维及其制品燃烧性能的指标有哪些？目前改善和提高纺织材料阻燃性能的方法有哪些？

10. 纺织纤维在加工和使用过程中为何会产生静电现象？静电现象的严重与否取决于什么因素？说明纤维带静电的危害和应用。减少和防止静电的方法有哪些？

11. 纤维在热的作用下会出现哪几种热力学状态？玻璃化温度和熔点在产品加工和使用中有什么重要意义？

12. 试述影响纤维集合体保暖性的因素。

13. 何谓热定形？试述影响合成纤维织物热定形效果的因素。

第二章 纺织服装用纤维

纤维是纺织服装材料的基本单元。纺织服装用纤维是截面呈圆形或各种异形的、横向尺寸较细、长度比细度大许多倍的、具有一定强度和韧性的柔软细长体。纺织纤维的发展决定着纺织工业的发展，纤维不仅可以进行纺织加工，而且可以作为填充料、增强基体，或直接形成多孔材料，或组合构成刚性或柔性复合材料。

纤维状物质广泛存在于动物毛发、植物和矿物中。虽然自然界为人类提供了棉、毛、丝、麻等性能各异、品质优良的纺织服装用纤维，但始终未能满足人类在穿衣方面不断提高的需求，19世纪末开始，再生纤维和合成纤维的出现极大地丰富了纤维的种类和用途，满足了纺织工业的发展。

第一节 天然纤维素纤维

天然纤维素纤维的主要组成物质是纤维素，另外还有果胶、半纤维素、木质素、脂蜡质、水溶物、灰分等。各种天然纤维素纤维在化学组成和物理性质方面的差异主要取决于纤维在植物中的生长部位和它们本身的结构。本节介绍最常用于纺织服装材料中的棉纤维和麻纤维。

一、棉纤维

棉纤维（cotton）是天然纤维的主体，是人类使用的天然纤维中最重要的纺织纤维，具有悠久的发展史。棉纤维属于种子纤维。从棉田中采摘的籽棉是棉纤维与棉籽未经分离的棉花，无法直接进行纺织加工，必须先进行轧花（即初加工），将籽棉中的棉籽除去后得到棉纤维，商业上习惯称为皮棉，然后经分级打包后，成包的皮棉到纺织厂后称为原棉。

棉纤维的种植历史悠久，种植区域广泛，因此棉纤维的品种较多。中国、印度、埃及、秘鲁、巴西、美国等为世界主要棉纤维产地，黄河流域、长江流域、华南、西北、东北为我国五大产棉区。

1. 棉纤维的组成及形态结构

（1）棉纤维的组成。棉纤维的主要成分是纤维素，此外，棉纤维还含有5%左右的其他物质，称为伴生物，伴生物对纺纱工艺与漂练、印染加工均有影响。棉纤维的表面含有脂蜡质，俗称棉蜡。棉蜡对棉纤维具有保护作用，是棉纤维具有良好纺纱性能的原因之一，但在高温时，棉蜡容易熔融，所以棉纤维容易绕罗拉、绕胶辊。经脱脂处理，原棉吸湿性增加，吸水能力可达本身重量的23~24倍。

纤维素（cellulose）是天然高分子化合物，纤维素的化学结构式由 α 葡萄糖为基本结构单元重复构成，化学式为 $(C_6H_{10}O_5)_n$，其中 n 表示聚合度，约为 6000～11000。其重复单元的结构式如图 2 - 1 所示。

图 2 - 1 纤维素大分子结构式（n 为聚合度）

成熟白棉与彩色棉的化学组成见表 2 - 1。

表 2 - 1 棉纤维的化学组成（%）

品种	白色细绒棉	棕色彩棉	绿色彩棉
α - 纤维素	89.90～94.93	83.49～86.23	81.09～84.88
半纤维素及糖类物质	1.11～1.89	1.35～2.07	1.64～2.78
木质素	0	4.27～6.84	5.19～8.87
脂蜡类物质	0.57～0.89	2.67～3.88	3.24～4.69
蛋白质	0.69～0.79	2.22～2.49	2.07～2.87
果胶类物质	0.28～0.81	0.42～0.94	0.46～0.93
灰分	0.80～1.26	1.39～3.03	1.57～3.07
有机酸	0.55～0.87	0.57～0.97	0.61～0.84
其他	0.83～1.01	0.88～1.29	0.38～0.87

（2）棉纤维的形态结构。棉纤维为多层带状中腔结构，梢端尖而封闭、中段较粗、尾端稍细而敞口，呈扁平带状，有天然转曲。横截面形态为腰圆形，中腔呈干瘪状。棉纤维的横截面和纵向外观如图 2 - 2 所示。

横截面形态　　　　　　　　纵向外观

图 2 - 2 棉纤维的横截面形态和纵向外观的扫描电镜照片

在显微镜下观察可发现，棉纤维的横断面由许多同心层组成，主要有表皮层、初生层、次生层、中腔四个部分，如图2-3所示。

①表皮层。由蜡质、脂肪和果胶的混合物组成，表皮有深度为0.5μm的细丝状皱纹，具有防水和润滑作用。

②初生层。初生层是棉纤维的外层，即纤维细胞的初生部分。初生层的外皮是一层蜡质与果胶，表面有深深的细丝状皱纹。初生层很薄，纤维素含量不多。纤维素在初生层中呈螺旋形网络状结构。

③次生层。棉纤维的初生层下面是一薄层次生细胞，由微原纤紧密堆砌而成。微原纤与纤维轴呈螺旋状排列，倾斜角在25°~30°。在这一层中，几乎没有缝隙和孔洞。次生层是棉纤维在加厚期沉积形成的部分，几乎都是纤维素。由于每日温差的原因，大多数棉纤维逐日沉积一层纤维素，故可形成棉纤维的日轮。纤维素在次生层中

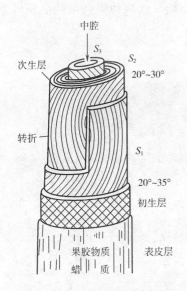

图2-3 棉纤维的微观结构示意图

的沉积并不均匀，但均以束状小纤维的形态与纤维轴倾斜呈螺旋形，并沿纤维长度方向形成转向，这是棉纤维具有天然转曲的原因。次生层的发育情况取决于棉纤维的生长条件、成熟情况，它能决定棉纤维主要的物理性质。

④中腔。棉纤维生长停止后，胞壁内遗留下来的空隙称为中腔。同一品种的棉纤维，中段初生细胞周长大致相等。当次生胞壁厚时，中腔就小；次生壁薄时，中腔就大。当棉铃成熟而裂开时，棉纤维截面呈圆形，中腔亦成圆形，中腔截面相当于纤维横截面积的1/2或1/3。当棉铃自然裂开后，由于棉纤维内水分蒸发，纤维胞壁干涸，棉纤维截面就呈腰圆形，中腔截面也随之压扁，压扁后的中腔截面仅为纤维总横截面积的10%左右。

2. 棉纤维的种类

（1）根据其发现地可分为陆地棉、海岛棉、亚洲棉和非洲棉。

①陆地棉（细绒棉）。发现于南美洲大陆西北部的安第斯山脉，又称高原棉、美棉。由于其细度较细，又被成为细绒棉，是世界棉花种植量最多的品种。在我国长江、黄河流域、西北内陆棉区等主要产棉区种植陆地棉，为棉纺织品的主要原料。陆地棉纤维的平均长度为23~33mm，细度为1.4~2.2dtex，比强度为2.6~3.2cN/dtex，一般用于纺10~100tex的纱线。

②海岛棉（长绒棉）。由于发现于美洲西印度群岛（位于北美洲东南部与南美洲北部的海岛）而得名。因其长度较长又被称为长绒棉。目前，长绒棉的主要产地为非洲的尼罗河流域，我国长绒棉的主要产地为新疆、广东等地区。长绒棉细而长，平均长度为33~46mm，细度小于1.43dtex，比强度为3.5~5.5cN/dtex，品质优良，是高档棉纺织产品和特殊产品的主要原料。

③亚洲棉和非洲棉。人类早期应用的棉纤维，亚洲棉纤维粗短，又称粗绒棉，长度为

15~24mm，细度为 2.5~4.0dtex；非洲棉纤维细短，又称草棉。这两种棉纤维的品质较差，因此目前已很少作为纺织服装用纤维，一般用作絮填材料。

这三类纤维的截面形态如图 2-4 所示。

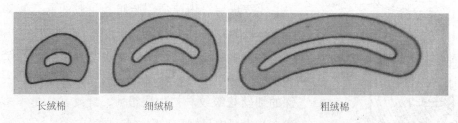

长绒棉　　　　　　细绒棉　　　　　　　　粗绒棉

图 2-4　不同种类棉纤维的截面形态示意图

（2）根据棉纤维的色泽，可以分为白棉、黄棉、灰棉和彩棉。

①白棉。正常成熟的棉花，不管原棉呈洁白、乳白或淡黄色，都称为白棉，是棉纺厂最主要的原料。

②黄棉。在棉花生长晚期，棉铃经霜冻伤后枯死，棉铃壳上的色素染到纤维上，使原棉颜色发黄。黄棉属于低级棉，棉纺厂用量很少。

③灰棉。在棉花生长过程中，雨量过多、日照不足、温度偏低，致使纤维成熟度低，或者纤维受空气中灰尘污染或霉变呈现灰褐色。灰棉强力低、品质差，棉纺厂很少使用。

④彩棉。指天然具有色彩的棉花，是在原来的有色棉基础上，用远缘杂交、转基因等生物技术培育而成的。天然彩色棉花仍然保持棉纤维原有的松软、舒适、透气等优点，制成的棉织品可减少印染工序和加工成本，能适量避免对环境的污染，但色相缺失、色牢度不够，仍在进行稳定遗传的观察之中。目前，我国的天然彩棉主要为棕色棉和绿色棉，此外还有红色、黄色、蓝色等，但色调较暗。我国天然彩棉的主要产地为新疆、四川、江苏等。

（3）根据棉花的初加工方式，可以分为锯齿棉和皮辊棉。从棉田中采得的是籽棉，无法直接进行纺织加工，必须先进行初加工，即将籽棉中的棉籽除去，得到皮棉。该初加工又称轧花或轧棉。籽棉经轧花后，所得皮棉的重量占原来籽棉重量的百分率称衣分率，衣分率一般为 30%~40%。

①锯齿棉。采用锯齿轧棉机加工得到的皮棉称锯齿棉。锯齿棉含杂、含短绒少，纤维长度较整齐、产量高；但纤维长度偏短、轧工疵点多。细绒棉大都采用锯齿轧棉。

②皮辊棉。采用皮辊轧棉机加工得到的皮棉称皮辊棉。皮辊棉含杂、含短绒多，纤维长度整齐度差、产量低；但纤维长度损伤小、轧工疵点少、有黄根。皮辊棉适宜于长绒棉、低级棉等。

（4）根据棉纤维的成熟度（即纤维胞壁的增厚程度），可分为成熟棉、未成熟棉、完全未成熟纤维（死纤维）及完全成熟棉。

不同成熟度棉纤维的横截面形态如图 2-5 所示。

在图 2-5 中，δ 表示棉纤维的胞壁厚度，D 表示棉纤维复圆后的等效外径，因此，胞壁占有的厚度空间比例为 $2\delta/D$。引入棉纤维成熟度系数 M，表达式为：

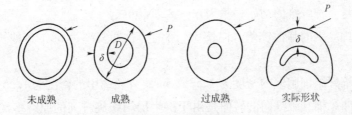

图 2 - 5 不同成熟度棉纤维的横截面形态

$$\frac{2\delta}{D} = 0.05 + 0.15M$$

由此可得：

$$M = \frac{20(2\delta/D) - 1}{3}$$

根据成熟度系数 M 的定义式，细绒棉的 M 在 1.5 ~ 2.0 为成熟纤维，一般纺纱用细绒棉的 M 为 1.7 ~ 1.8；未成熟的细绒棉的 $M < 1.5$，过成熟的细绒棉 $M > 2.0$；死纤维 $M < 0.7$，完全不成熟纤维 $M = 0$，完全成熟纤维 $M = 5.0$。长绒棉的 M 在 1.7 ~ 2.5 为成熟棉，理想的纺纱用长绒棉的 M 在 2.0 左右。

另外，还有一个概念是成熟度比 K_m，K_m 的表达式如下所示。

$$K_m = \frac{D^2 - d^2}{0.5775\, D^2}$$

式中，d——纤维中段复圆时中腔的直径，μm。

3. 棉纤维的主要性能指标

棉纤维细长柔软，吸湿性好，耐强碱，耐有机溶剂，耐漂白剂以及隔热耐热，是最大宗的天然纤维。其不仅可以方便地进行各种染色和纺织加工，而且可进行丝光处理或其他改性处理，以增加纤维的光泽、可染性及抗皱性等。棉纤维的缺点是弹性和弹性回复性较差、不耐强无机酸、易发霉、易燃。

（1）棉纤维的长度及细度。我国白棉与彩色棉的常见物理指标见表 2 - 2。

表 2 - 2　中国棉纤维的主要物理指标

物理指标	白长绒棉	白细绒棉	绿色棉	棕色棉
上半部平均长度（mm）	33 ~ 35	28 ~ 31	21 ~ 25	20 ~ 23
中段线密度（dtex）	1.18 ~ 1.43	1.43 ~ 2.22	2.5 ~ 4.0	2.5 ~ 4.0
断裂比强度（cN/dtex）	3.3 ~ 5.5	2.6 ~ 3.1	1.6 ~ 1.7	1.4 ~ 1.6
转曲度（个/cm）	100 ~ 140	60 ~ 115	35 ~ 85	35 ~ 85
马克隆值	2.4 ~ 4.0	3.7 ~ 5.0	3.0 ~ 6.0	3.0 ~ 6.0
短绒率（%）	≤10	≤12	15 ~ 20	15 ~ 30
棉结（粒/g）	80 ~ 150	80 ~ 200	100 ~ 150	120 ~ 200
衣分率（%）	30 ~ 32	33 ~ 41	20	28 ~ 30

注：马克隆值是棉纤维用气流仪测试的一种指标，它与成熟度系数和线密度的乘积等有关。

（2）初始模量。棉纤维的初始模量为 $60 \sim 82 cN/dtex$。

（3）弹性。棉纤维的弹性较差，伸长 3% 时的弹性回复率为 64%；伸长 5% 时的弹性回复率仅为 45%。

（4）密度。棉纤维细胞壁的密度为 $1.53 g/cm^3$，外轮廓中的密度为 $1.25 \sim 1.31 g/cm^3$。

（5）天然转曲。棉纤维纵向的转曲是由于次生层中螺旋排列的原纤多次转向，造成纤维结构不平衡而形成的。棉纤维的转曲随着纤维品种、成熟程度及部位的不同而不同。纤维中部的转曲最多，稍部最少。正常成熟的棉纤维中转曲多，陆地棉为 $39 \sim 65$ 个/cm，未成熟的纤维中转曲少，过成熟的纤维中几乎没有转曲。白棉的天然转曲最多，棕色棉次之，绿色棉的天然转曲最少。

（6）吸湿性。棉纤维是多孔性物质，且其纤维素大分子上存在许多亲水性基团（—OH），所以其吸湿性较好。一般大气条件下，棉纤维的回潮率可达 8.5% 左右。

（7）耐酸性。纤维素对无机酸非常敏感，酸可以使纤维素大分子中的苷键水解，从而使大分子链变短，纤维素完全水解时生成葡萄糖。有机酸对棉纤维的作用比较缓和，酸的浓度越高，作用越剧烈。

（8）耐碱性。一般情况下，纤维素在碱液中不会溶解，但是在浓碱和高温条件下，纤维素会发生碱性水解和剥皮反应。稀碱溶液在常温下不会对棉纤维产生破坏作用，并可使纤维膨化。利用棉的这一性质，可以对棉纤维进行丝光处理。丝光的过程为：运用 18% ~25% 的氢氧化钠溶液，浸泡在一定张力作用下的棉织物，丝光后可以使棉纤维的截面更圆、天然转曲消失、织物有丝一般的光泽。

（9）耐热性。棉纤维的耐热性较差，处理温度高于150℃时纤维素会分解从而导致其强力下降；当温度高于240℃时，纤维素中的苷键会断裂并产生挥发性物质；当温度达到370℃时，结晶区被破坏，重量损失可达 40% ~60%。

（10）染色性。棉纤维的染色性较好，可以采用直接染料、还原染料、碱性染料、硫化染料等多种染料进行染色。

（11）防霉变性。棉纤维具有较好的吸湿性，因此在潮湿环境中，容易受到细菌和霉菌的侵蚀，霉变后棉织物的强力明显下降，且织物表面留有难以去除的色迹。

（12）卫生性。棉纤维是天然纤维，其主要成分是纤维素，还有少量的蜡状物质、含氮物与果胶质。纯棉织物经多方面查验和实践，棉织物与肌肤接触时无任何刺激、无副作用，久穿对人体有益无害，卫生性能良好。

二、麻纤维

麻纤维是从各种麻类植物上获取的纤维的统称，包括韧皮纤维和叶纤维。韧皮纤维是从一年生或多年生草本双子叶植物的韧皮层中取得的纤维，这类纤维品种繁多。在纺织上采用较多、经济价值较大的有苎麻、亚麻、黄麻、洋麻、汉麻（大麻）、罗布麻等，这类纤维质地柔软，商业上称为"软质纤维"。叶纤维是从草本单子叶植物的叶子或叶鞘中获取的纤维，具有经济和实用价值的有剑麻、蕉麻和菠萝麻等，这类纤维比较粗硬，商业上称为"硬质纤维"。

亚麻纤维在 8000 年前的古埃及就被人类发现并使用，是人类最早开发利用的天然纤维之一。大麻布和苎麻布在中国秦汉时期已是人们主要的服装材料，制作精细的苎麻夏布可以与丝绸媲美，由宋朝到明朝麻布才逐渐被棉布取代。纺织服装用的主要麻纤维为苎麻和亚麻。

麻纤维的主要化学成分是纤维素，其大分子的聚合度一般在 1 万以上，其中亚麻纤维的聚合度在 3 万以上，从而决定了纤维有较高的干态强力和湿态强力。麻纤维的结晶度和取向度很高，使纤维的强度高、伸长小、柔软性差，一般硬而脆。

（一）苎麻

苎麻（ramie），又称"中国草"，是中国特有的麻类资源，主要产于我国的长江流域，以湖北、湖南、江西出产最多。我国的苎麻产量占全世界苎麻产量的 90% 以上，印度尼西亚、巴西、菲律宾等国也有种植。

1. 苎麻纤维的形态结构

苎麻纤维是由单细胞发育而成的，纤维细长、两端封闭、有胞腔。苎麻纤维的横截面为椭圆形，且有椭圆形或腰圆形中腔，胞壁厚度均匀，有辐射状裂纹。苎麻纤维的纵向外观为圆筒形或扁平形，没有转曲，纤维表面有的光滑、有的有明显的条纹，纤维头端钝圆。苎麻纤维的横截面及纵向外观如图 2-6 所示。

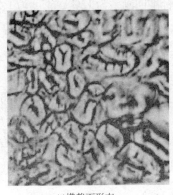
(a)横截面形态

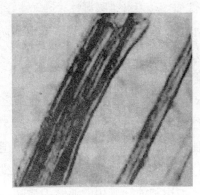
(b)纵向外观

图 2-6　苎麻纤维的横截面及纵向外观

2. 苎麻纤维的初加工

苎麻必须在适宜的时间收割，收割不及时，将不利于剥皮和刮表工作，从而影响苎麻的质量和产量。麻皮自茎上剥下后，需要先刮去表皮，称为刮表。目前，我国苎麻的剥皮和刮表以手工操作为主。经过刮表的麻皮晒干或烘干后成丝状或片状的原麻，即为商品苎麻。原麻在纺纱前还需经过脱胶工序，过去此工序一般采用生物脱胶的方法，现在一般采用化学脱胶的方法。根据纺织加工的要求，脱胶后苎麻的残胶率应控制在 2% 以下，脱胶后的苎麻纤维称为精干麻，色白而富有光泽。

3. 苎麻纤维的主要性能

（1）纤维细度。苎麻纤维的细度是一个很重要的物理性能指标，是确定可纺细纱线密度的主要依据。苎麻纤维越细，柔软性越好，可挠度越大，可以提高成纱时纤维的强力利用系数，并减少毛羽。优良品种的苎麻纤维，平均细度在 0.5tex 或以下，最细品种的线密度可达 0.25~0.3tex；中质苎麻纤维的细度为 0.67~0.56tex。一般情况下，纺 16.67tex 纯麻纱的纤维细度应小于 0.56tex；纺 20.83tex 纯麻纱的纤维细度应小于 0.63tex；纺 27.78tex 纱的纤维细度应小于 0.71tex。平均细度在 0.67tex 以上的苎麻纤维，只能加工低档产品。

（2）长度。苎麻纤维的长度较长，一般可达 20~250mm，最长可达 600mm，平均长度为 46.7~74.7mm，故可以利用单纤维纺纱。苎麻纤维的细度与长度明显相关，一般纤维越长则越粗，越短则越细。

（3）强伸度。苎麻纤维的强度是天然纤维中最高的，但其伸长率较低。苎麻纤维的平均比强度为 6.73cN/dtex，平均断裂伸长率为 3.77%。苎麻纤维吸湿后强力增加，一般情况下，湿强较干强高 20%~30%。

（4）弹性。苎麻纤维的强度和刚性虽高，但是伸长率低、断裂功小，而且苎麻纤维弹性回复性较差，因此苎麻织物抗皱性和耐磨性较差。苎麻纤维在 1% 定伸长拉伸时的平均弹性回复率为 60%，伸长 2% 时的平均弹性回复率为 48%。

（5）光泽。苎麻纤维具有较强的光泽。原麻呈白、青、黄、绿等深浅不同的颜色，脱胶后的精干麻色白且光泽好。

（6）其他性质。苎麻纤维吸湿性、透气性好，标准回潮率为 12%，密度为 1.51~1.54g/cm³，易染色，耐海水的侵蚀，耐碱不耐酸，抗霉和防蛀性能较好，苎麻纤维不耐高温，在 243℃ 以上即开始热分解。

（二）亚麻

亚麻（flax）是人类最早使用的天然纤维之一，距今已有一万年以上的历史。亚麻纤维是一种稀有天然纤维，仅占天然纤维总量的 1.5%，亚麻纤维适宜在寒冷地区生长，俄罗斯、波兰、法国、比利时、德国等是主要产地，我国的东北地区及内蒙古等地也有大量种植。目前，我国亚麻产量居世界第二位。亚麻分为纤维用、油用和油纤兼用三类，我国传统称纤维用亚麻为亚麻，油用和油纤兼用的亚麻为胡麻。

在西方，人们对亚麻纤维的宠爱久盛不衰，经历了几个世纪。在历史上，纺织行业几度兴衰，唯有亚麻作为古老的服饰文化独领风骚，长期保持了相对的稳定，即使在化纤产品快速发展的浪潮撞击下，仍不失其风采。亚麻品质较好，用途较广，适宜织制各种服装和家纺面料，如抽绣布、窗帘、台布、男女各式绣衣、床上用品等。亚麻在工业上主要用于织制水龙带和帆布等。

1. 亚麻的初加工

亚麻原料的初加工有两种方法：一种是雨露沤麻；另一种是温水沤麻。雨露沤麻就是把田间收获的、除去麻籽果粒的原麻茎按一定顺序、一定厚薄平铺在地里，靠雨露沤麻的方法；温水沤麻就是把原麻茎放入一个有一定容积的可以盛水的大池子中，人工加入水来沤麻。国内绝大部分都采用温水沤麻，纤维更容易从木质竿芯中剥离出来，剥离出来的亚麻纤维是银灰色的，纤维质量高、经济效益好。

2. 亚麻的形态结构

亚麻纤维截面呈圆形和扁圆形，纵向中段粗、两头细，有横节及竖纹。亚麻纤维的横截面形态及纵向外观如图 2-7 所示。

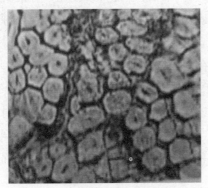 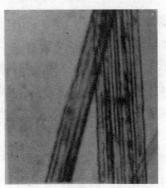

(a)亚麻纤维的横截面形态　　　　　(b)亚麻纤维的纵向外观

图 2-7 亚麻纤维的横截面形态及纵向外观

3. 亚麻纤维的主要性能

亚麻纤维具有许多优良的性能。如吸湿散热、保健抑菌、防污抗静电、防紫外线，并且阻燃效果极佳。

（1）纤维规格。亚麻纤维的长度差异较大，麻茎根部的纤维最短，中部次之，稍部最长。单纤维长度为 10~26mm，最长可达 30mm，线密度为 1.9~3.8dtex。

（2）断裂性能。亚麻纤维具有较好的强度，断裂比强度约为 4.4cN/dtex，断裂伸长率为 2.5%~3.3%。亚麻纤维的刚性较大，初始模量较高（145~200 cN/dtex）。

（3）色泽。亚麻纤维具有较好的光泽，其纤维光泽受脱胶质量的影响很大，脱胶质量好，打成麻后呈现银白或灰白色；次者呈灰黄色、黄绿色；质量最差的呈现暗褐色。

（4）密度。亚麻纤维细胞壁的密度约为 $1.49g/cm^3$。

（5）吸湿性。亚麻纤维具有很好的吸湿、导湿性能，其标准回潮率为 8%~11%，公定回潮率为 12%。润湿后的亚麻织物经 4.5h 即可阴干。

亚麻纤维织品被誉为"天然空调"。亚麻的散热性能极佳，这是因为亚麻是天然纤维中唯一的束纤维。束纤维是由亚麻单细胞借助胶质粘连在一起形成的，因其没有更多留有空气的条件，亚麻织物的透气比率高达 25% 以上，因而其导热性能及透气性极佳。并能迅速而有效地降低皮肤表层温度 4~8℃。

亚麻纤维的吸湿放湿速度快，能及时调节人体皮肤表层的生态温度环境。这是因其具有天然的纺锤形结构和独特的果胶质斜边孔结构。当它与皮肤接触时产生毛细管现象，可协助皮肤排汗，并能清洁皮肤。同时，它遇热张开，吸收人体的汗液和热量，并将吸收到的汗液及热量均匀传导出去，使人体皮肤温度下降。遇冷则关闭，保持热量。另外亚麻能吸收其自重 20% 的水分。是同等密度其他纤维织物中最高的。

（6）抗菌性。亚麻纤维对细菌具有一定的抑制作用。古埃及时期，人们用亚麻布包裹尸体，制作木乃伊。第二次世界大战时，人们将剪碎的亚麻布蒸煮，然后用蒸煮液代替消毒水给伤员冲洗伤口。亚麻布对金黄葡萄球菌的杀菌率可达94%，对大肠杆菌的杀菌率可达92%。

亚麻纤维制成的织物具有很好的保健功能。它具有独特的抑制细菌作用。亚麻属隐香科植物，能散发一种隐隐的香味。专家认为，这种气味能杀死许多细菌，并能抑制多种寄生虫的生长。用接触法所做的科学实验证明，亚麻制品具有显著的抑菌作用，对绿脓杆菌、白色念珠菌等国际标准菌株的抑菌率可达65%以上，对大肠杆菌和金色葡萄球菌珠的抑菌率高过90%以上。古代埃及法老的木乃伊都是被裹在惊人结实的亚麻细布内，使之完整地保存至今。

（7）静电性能。静电是物体常见的现象，长期使用携带静电的纺织品会吸附大量的灰尘，导致心情烦躁、寝食不安，影响身体健康。亚麻织物几乎无静电，不贴身，又不和其他织物粘贴，不易沾染灰尘和其他微生物。科学检测证明，亚麻纤维携带正负电荷接近平衡，因而没有静电现象。最近我国相关科研机构在一项试验中发现，毛、亚麻、棉纤维在空气中摩擦产生的静电量，以亚麻最低。

第二节　天然蛋白质纤维

天然蛋白质纤维主要为动物的毛，以绵羊毛为主，还包括山羊绒、兔毛、马海毛、骆驼毛、牦牛毛等特种动物毛，此外还包括蚕丝、蜘蛛丝等动物分泌液。天然蛋白质纤维是由多种氨基酸聚合而成，不仅具有酸性基团（羧基—COOH），又具有碱性基团（氨基—NH_2），故纤维对酸性和碱性的化学药剂都不稳定。天然蛋白质纤维是纺织工业的重要原料，具有许多优良的性能，如弹性好、吸湿性好、保暖性好、不易沾污、光泽柔和等。

一、羊毛

羊毛（wool）是最主要的天然蛋白质纤维，由于羊的品种、产地和羊毛生长的部位等不同，羊毛纤维的品质有很大的差异。中国、澳大利亚、新西兰、阿根廷、南非等国家是世界上主要的产毛国，其中澳大利亚的美丽诺羊是世界上品质最为优良的，也是产毛量最高的羊种。我国的新疆、内蒙古、青海、甘肃等地是羊毛的主要产区。

1. 羊毛纤维的组成

羊毛纤维是天然蛋白质纤维，其主要组成物质是角朊蛋白质，简称角蛋白，组成蛋白质大分子的单基是 α-氨基酸剩基，α-氨基酸的通式如图2-8所示。

在图2-8中，侧基R不同，则形成不同的氨基酸。羊毛的角蛋白是由20多种 α-氨基酸缩合的大分子堆砌而成的。羊毛分子结构的特点是具有网状结构，这是因为其大分子之间除了依靠范德瓦耳斯力、氢键结合外，还有盐式键和二硫键结合，其中二硫键对羊毛的化学性质有很重要的影响，羊毛纤维大分子结构示意图如图2-9所示。

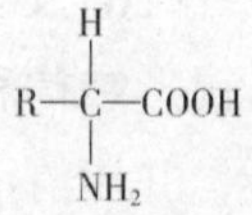

$$R-\overset{\overset{\text{H}}{|}}{\underset{\underset{\text{NH}_2}{|}}{\text{C}}}-COOH$$

图2-8　α-氨基酸

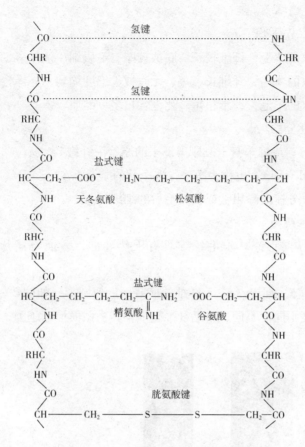

图 2-9　羊毛纤维大分子结构示意图

2. 羊毛纤维的分类

（1）根据纤维的细度和组织结构分类。

①细绒毛（fine wool）。直径为 30μm 以下的羊毛，一般无髓质层，富于卷曲。

②粗绒毛（coarse wool）。直径为 30～52.5μm 的羊毛，一般无髓质层，卷曲较细绒毛的少。

③粗毛（hair）。也称为刚毛，直径为 52.5～75μm，有髓质层，卷曲很少。

④两型毛（heterotypical hair）。一根毛纤维中同时具有绒毛和粗毛的特征，有断续的髓质层，纤维粗细明显不匀，我国没有完全改良好的羊毛中多含有这种类型的纤维。

⑤发毛（coarse hair）。直径大于 75μm，纤维粗长无卷曲，有髓质层，在一个毛丛中经常突出于毛丛顶端，形成毛辫。

⑥死毛（kemp）。除鳞片层外，几乎全是髓质层，其色泽呆白，纤维粗而脆弱易断，无纺纱价值。

（2）根据纤维的类型分类。

①同质毛。毛被中仅含有同一粗细类型的羊毛，其中纤维的细度和长度基本一致。

②异质毛。毛被中含有两种及以上类型的羊毛，即同时含有细毛、两型毛、粗毛、死

毛等。

（3）根据剪毛的季节分类。

①春毛。春天剪取的羊毛，纤维较长、底绒较厚、毛质细、油汗多，品质较好。

②秋毛。秋天剪取的羊毛，纤维长度短、无底绒、细度均匀、光泽较好。

③伏毛。夏天剪取的羊毛，纤维粗短、死毛含量多，品质较差。

（4）根据加工程度分类。

①原毛（raw wool）。从绵羊身上刚刚剪下来的原始毛纤维。

②洗净毛（scoured wool）。也称为净毛，洗净后的羊毛。

③无毛绒。指经过分梳去除粗毛或粗绒毛后的细绒毛。

3. 羊毛纤维的形态结构

（1）羊毛纤维的纵向形态。羊毛纤维具有天然卷曲，表面有鳞片覆盖，如图2-10所示。

（2）羊毛纤维的横截面形态。羊毛纤维的横截面近似圆形，如图2-11所示。其具体形态会因羊毛纤维的细度不同而不同，羊毛纤维越细，其横截面形态越圆，粗羊毛为扁圆形。

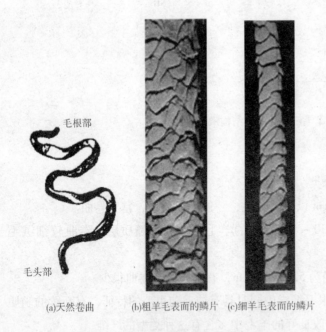

(a)天然卷曲　　(b)粗羊毛表面的鳞片　(c)细羊毛表面的鳞片

图2-10　羊毛纤维的纵向形态

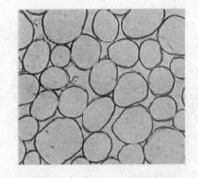

图2-11　羊毛纤维的横截面形态

（3）羊毛纤维的组织结构。羊毛纤维截面从外向里分别由鳞片层、皮质层和髓质层组成，细羊毛无髓质层，其结构如图2-12所示。部分品种的毛纤维髓质层细胞破裂、贯通呈空腔形式（如羊驼羔毛等）。

①鳞片层。鳞片层居于羊毛纤维的表面，由方形圆角或椭圆形扁平角质蛋白细胞组成，覆盖于毛纤维的表面，由于其外观形态似鱼鳞，故称为鳞片层，如图2-10所示。鳞片的上端伸出毛干，且永远指向毛尖，鳞片底部与皮质层紧密相连。各种毛纤维的鳞片大小大致接

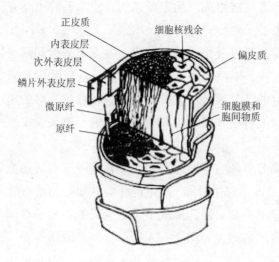

图 2-12　细羊毛的结构

近，但其形态及其在纤维表面重叠的形式和程度则随羊毛品种而异。细羊毛的鳞片成环状套接，重叠紧密；粗羊毛的鳞片纵向重叠程度低，横向由数个鳞片镶接。

鳞片层的形态和排列密度，对羊毛的光泽和表面性质有很大的影响。粗羊毛表面的鳞片较稀，易紧贴于毛干上，从而使纤维表面光滑、光泽较好，如林肯毛；细羊毛的鳞片呈环状覆盖，排列紧密，对外来光线的反射小，因而光泽柔和，近似银光，如美丽诺细羊毛。鳞片层的主要作用是保护羊毛不受外界条件的影响而引起性质变化，另外，鳞片层的存在也使羊毛纤维具有了特殊的缩绒性。

②皮质层。皮质层位于鳞片层的里面，由稍扁的截面细长的纺锤状细胞组成，如图2-13所示。皮质层在羊毛纤维中沿着纤维的纵轴排列，皮质细胞紧密相连，细胞间由细胞间质粘连。皮质细胞的平均长度为 $80 \sim 100 \mu m$，宽度为 $2 \sim 5 \mu m$，厚度为 $1.2 \sim 2.6 \mu m$。细胞间质亦为蛋白质，含有少量胱氨酸，约占羊毛纤维重量的 1%，厚约 $150 nm$，充满细胞的所有缝隙，容易被酸、碱、氧化剂、还原剂、酶等化学物质降解。

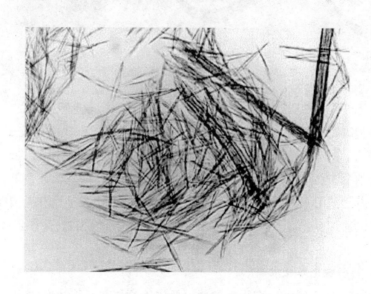

图 2-13　皮质细胞的结构

皮质细胞是羊毛纤维的主要组成部分，也是决定羊毛纤维物理化学性质的基本物质。其微细结构是：由螺旋卷曲状的角朊多肽长链分子盘绕成基原纤，基原纤集束成微原纤，微原纤集束成原纤、巨原纤，再由巨原纤组成皮质细胞。皮质细胞中的原纤排列整齐，是羊毛纤维承受外力的部分。原纤间有基质，是由角朊多肽链组成的无定形结构，使羊毛纤维具有良好的抗压和抗弯弹性。

根据皮质细胞中大分子的排列形态和密度，可以分为正皮质细胞、偏皮质细胞和间皮质细胞。正皮质细胞中的结晶区较多，含硫量较少，对酶及其他化学试剂的反应较活泼，吸收染料的速度较慢，吸水性较差；偏皮质细胞中的结晶区较少，硫含量较高，吸收染料的速度较快，吸水性好；间皮质细胞的含量较少，对上染率和吸水率几乎没有影响。正、偏皮质细胞的结构如图 2 - 14 所示。

正、偏皮质细胞在羊毛纤维中的分布随羊毛品种的不同而不同。细羊毛中正皮质细胞和偏皮质细胞常分布在截面的两侧及双侧分布（也称双边分布），并在纤维纵轴方向略有螺旋旋转，由于这两种皮质细胞的性质不同而引起不平衡，因此形成了羊毛的天然卷曲。双侧分布中，正皮质总在卷曲的外侧，偏皮质在卷曲的内侧，如图 2 - 14 所示，如美丽诺羊毛。当正、偏皮质层的比例差异很大或呈皮芯分布时，则卷曲就不明显甚至无卷曲，如安哥拉山羊毛（即马海毛），其正皮质细胞分布在截面的四周，偏皮质细胞分布在截面的中心，即皮芯分布，所以其纤维卷曲极少。

图 2 - 14 正皮质细胞和偏皮质细胞的双边分布

③髓质层。毛纤维的髓质细胞的共同特点是细胞壁薄，椭球形或圆角立方形，中腔较大。髓质细胞外有细胞膜、细胞壁，也是由巨原纤堆砌而成的，但壁内面有较多的巨原纤须丛，形成似毛绒的表面。由于纤维髓质细胞的中腔内一般充满空气，故羊毛纤维的保暖性较好。

髓质细胞一般分布在羊毛纤维的中央部位，绵羊、山羊、骆驼、牦牛等的细绒毛中一般没有髓质细胞；其粗绒毛中的髓质细胞呈连续分布；其死毛中几乎没有皮质细胞，只有鳞片层和髓质层，且髓质细胞连续，但髓质细胞的细胞壁极薄。髓质层的存在会使羊毛纤维强度、弹性、卷曲、染色性等变差，纺纱工艺性能也随之降低。

4. 羊毛纤维的物理化学性质

（1）长度。由于羊毛纤维中有天然卷曲，所以毛纤维的长度可分为自然长度和伸直长度。自然长度是指在羊毛自然卷曲的状态下羊毛两端的直线距离，该长度主要用于养羊业鉴定绵羊育种的品质。伸直长度是指将羊毛的天然卷曲拉直后的长度，该长度主要用于考核计数平均长度、计重平均长度及其变异系数和短纤维率。

羊毛的伸直长度比自然长度要长，主要是由于卷曲数和卷曲形态来决定的，一般细羊毛的伸直长度比自然长度长约20%，半细毛的伸直长度比自然长度长为10%～20%。不同毛纤维的伸直长度见表2-3。

表2-3　羊毛纤维的伸直长度

品种		长度范围（mm）	细毛平均长度（mm）	粗毛平均长度（mm）
绵羊毛	细羊毛	35～140	55～140	—
	半细羊毛	70～300	90～270	—
	粗羊毛	35～160	50～80	80～130
山羊毛	绒山羊	30～100	34～65	75～80
	肉用山羊	30～110	35～60	75～80
	安哥拉山羊（羔羊）	45～100	50～90	—
	安哥拉山羊（成年羊）	90～350	80～90	130～300

（2）细度。羊毛纤维的截面近似圆形，因此一般用直径来表示其粗细，称为细度，单位为微米（μm）。细度是确定毛纤维品质和使用价值最重要的指标，羊毛的细度随绵羊的品种、年龄、性别、毛的生长部位和饲养条件等的不同而不同。

绵羊毛的平均直径为11～70μm，直径变异系数为20%～30%，相应的线密度为1.25～42dtex。在羊毛工业中，还可以用品质支数来表示羊毛的细度，这一概念原意为：在19世纪的纺纱工艺技术条件下，各种细度的羊毛实际可纺制毛纱的最细支数。随着科学技术的进步和生产工艺的改进，目前已可以用较粗的纤维纺制更细的纱线，所以绵羊毛纤维细度的"品质支数"与"可纺支数"差距极大。近60年来，各国分别对不同毛纤维制定过不同的品质支数对应表，我国规定的一般粗、细绵羊毛品质支数与平均直径的对应关系如表2-4所示，2003年国际羊毛组织（IWYO）最后公布了超细至极细绵羊毛的国际标准，如表2-4所示。

表2-4　绵羊毛品质支数与平均直径的关系

我国标准		国际标准	
品质支数	平均直径（μm）	品质支数	平均直径（μm）
32	55.1～67.0	Supper80	19.25～19.75
36	43.1～55.0	Supper90	18.75～19.24
40	40.1～43.0	Supper100	18.25～18.74
44	37.1～40.0	Supper110	17.75～18.24
46	34.1～37.0	Supper120	17.25～17.74
48	31.1～34.0	Supper130	16.75～17.24
50	29.1～31.0	Supper140	16.25～16.74
56	27.1～29.0	Supper150	15.75～16.24
58	25.1～27.0	Supper160	15.25～15.74

续表

我国标准		国际标准	
品质支数	平均直径（μm）	品质支数	平均直径（μm）
60	23.1 ~ 25.0	Supper170	14.75 ~ 15.24
64	21.6 ~ 23.0	Supper180	14.25 ~ 14.74
66	20.1 ~ 21.5	Supper190	13.75 ~ 14.24
70	19.75 ~ 20.0	Supper200	13.25 ~ 13.74
		Supper210	12.75 ~ 13.24
		Supper220	12.25 ~ 12.74

一般来说，羊毛越细，其细度也越均匀，相对强度越高，卷曲数越多，鳞片越密，光泽越柔和，但纤维长度偏短。而且，细羊毛的缩绒性能一般比粗羊毛的好。

（3）密度。细羊毛（无髓质层）的密度约为 $1.32g/cm^3$，在天然纺织纤维中是最小的。

（4）卷曲。卷曲是指羊毛在自然状态下，沿长度方向呈有规则的卷曲波纹，一般以每厘米内平均含有的卷曲数来表征羊毛纤维的卷曲程度，称为卷曲度或卷曲数。卷曲是由于羊毛正、偏皮质的双边分布和毛囊的周期性运动所造成的，它是羊毛的一种良好特征，是其他纺织纤维所没有的。根据卷曲波形和卷曲数的不同，卷曲可分为7类，即平波、长波、浅波、正常波、扁圆波、高波和折线波，如图2-15所示，按1~7排列。

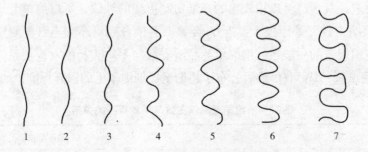

图2-15　羊毛纤维的卷曲类型

一般羊毛具有正常波卷曲，形状呈半圆形；半细毛根据细度不同，具有正常波和浅波；毛丛结构不好、含杂多的羊毛，具有深波和高波；具有折线波的羊毛，一般不能用于加工。细羊毛的卷曲数一般为6~9个/cm，国产细羊毛的卷曲数一般为4~6个/cm。具有正常波和浅波的羊毛适宜于纺制高级的光洁的精梳毛纱，具有高波的羊毛具有较好的缩绒性，适宜于粗梳毛纺。

（5）摩擦性能和缩绒性。

①摩擦性。羊毛有独特的摩擦性能，这与羊毛纤维表面的鳞片有关，如图2-16所示。鳞片的根部附着于毛干，尖端伸出毛干的表面而指向毛尖，因此羊毛沿其长度方向的摩擦，因滑动方向不同而使摩擦系数不同。

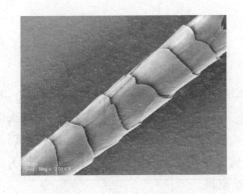

图 2-16 羊毛的鳞片结构

当滑动方向为毛根至毛尖时，则为顺鳞片方向，反之则为逆鳞片方向。逆鳞片方向的摩擦系数比顺鳞片方向的大，这种现象称为定向摩擦效应。顺、逆鳞片方向摩擦系数的差异是毛纤维产生缩绒性的基础，而且此差异越大，羊毛的缩绒性能越好。

②缩绒性。在湿热或化学试剂条件下，如同时加以反复摩擦挤压，由于定向摩擦效应，使纤维保持向根性运动，纤维纠缠按一定方向慢慢蠕动穿插，羊毛纤维啮合成毡，羊毛织物收缩紧密，称为羊毛的缩绒性。毛纤维的缩绒性是纤维各项性能的综合反应，定型摩擦效应、高度回缩弹性和卷曲形态、卷曲度是缩绒的内在原因，且这些性能与羊毛的品种及细度等密切相关。温湿度、化学试剂和外力作用是促进羊毛缩绒的外因。缩绒可分为酸性缩绒和碱性缩绒，常用的是碱性缩绒，如使用皂液，PH 为 8～9，温度为 35～45℃时，缩绒效果较好。

缩绒性可使毛织物具有独特的风格，利用缩绒性可以织制丰厚柔软、保暖性好的织物；但缩绒性会影响洗涤后织物的尺寸稳定性，产生起毛、起球等现象，影响织物的穿着舒适性和美观性。大多数精纺毛织物和针织物，经过染整加工后，要求纹路清晰、尺寸稳定，这些都要求减小羊毛的缩绒性。

（6）酸的作用。羊毛对酸作用的抵抗力比棉强，低温或常温时，弱酸或强酸的稀溶液对角朊蛋白质无显著的破坏作用，随温度和浓度的提高，酸对角朊蛋白的破坏作用加剧。如用浓硫酸处理羊毛，升高温度，可使羊毛破坏，强力下降。利用羊毛耐酸的这一性质，可对羊毛进行炭化，从而在羊毛初加工中除去草等纤维素杂质。

（7）碱的作用。羊毛对碱的抵抗能力比纤维素低得多，碱对羊毛的破坏随碱的种类、浓度、作用的温度和时间的不同差异较大。碱对毛纤维的作用比酸的作用更剧烈，随着碱的浓度增加、温度升高、处理时间延长，毛纤维会受到更严重的损伤。角朊蛋白受碱液破坏后，强度明显下降、颜色泛黄、光泽暗淡、手感粗硬、抵抗化学药品的能力相应降低。所以在洗涤羊毛制品时不能使用碱性洗涤剂。

（8）氧化剂的作用。氧化剂对羊毛的作用剧烈，尤其是强氧化剂在高温时会对羊毛产生很大的损伤。因此，羊毛在漂白时不能使用次氯酸钠，它们与羊毛易生成黄色氯氨类化合物；过氧化氢对羊毛的作用较小，常用 3% 的过氧化氢稀溶液对羊毛制品进行漂白。

（9）日光、气候对羊毛的作用。羊毛是天然纤维中抵抗日光、气候能力最强的一种纤维，光照 1120h，强度下降 50% 左右，主要是因为过多的紫外线会破坏羊毛中的二硫键，使胱氨酸被氧化，羊毛颜色发黄、强度下降。

（10）热的作用。60℃干热处理，对羊毛无大的影响；当温度升高至 100℃烘干 1h，则会导致羊毛颜色发黄、强度下降；温度达到 110℃时发生脱水；温度达到 130℃时羊毛会变为深褐色；温度达到 150℃时有臭味；温度达到 200～250℃时羊毛会发生焦化。羊毛高温下短时间处理，性质无明显的变化。

二、蚕丝

蚕丝纤维（silk）是由蚕吐丝而得到的天然蛋白质纤维，是天然纤维中唯一的长丝，光滑柔软、富有光泽、穿着舒适，被称为"纤维皇后"。蚕可分为家蚕和野蚕两大类，家蚕即桑蚕，结的茧是生丝的原料；野蚕有柞蚕、蓖麻蚕、天蚕、柳蚕等，其中柞蚕结的茧可以制成柞蚕丝，是天然丝的第二来源，天蚕可以缫丝制成天蚕丝，天蚕丝较为昂贵，可以作为高档的绣花线，其他野蚕结的茧不易缫丝，仅能作绢纺原料。

我国是桑蚕丝的发源地，至今已有6000多年的历史。柞蚕丝也起源于我国，已有3000多年的历史。在汉唐时期，我国的丝绸已畅销于中亚和欧洲各国，在世界上享有圣誉。目前我国蚕丝的产量仍居世界第一，此外，日本和意大利也生产蚕丝。

1. 蚕丝的分子结构

蚕丝纤维主要是由丝素和丝胶两种蛋白质组成，此外，还有一些非蛋白质成分，如脂蜡质、碳水化合物、色素、矿物质等。

蚕丝的大分子是由多种 α – 氨基酸剩基以酰胺键联结构成的长链大分子。在桑蚕丝的丝素中，甘氨酸、丙氨酸、丝氨酸和酪氨酸的含量占90%以上，其中甘氨酸和丙氨酸的含量约占70%，且所含的侧基较小，因此桑蚕丝的丝素大分子的规整性较好，有较高的结晶度。柞蚕丝与桑蚕丝的大分子略有差异，桑蚕丝的丝素中甘氨酸含量多于丙氨酸，而柞蚕丝的丝素中丙氨酸含量多于甘氨酸。此外，柞蚕丝中还含有较多支链的二氨基酸，如天冬氨酸、精氨酸等，因此其大分子结构的规整性较差，结晶度也较低。

2. 桑蚕丝

桑蚕丝是高级的纺织原料，有较好的强伸长性，纤维细而柔软，平滑富有弹性，光泽好，吸湿性好。采用不同的组织结构，其织物可以轻薄似纱，也可以厚实丰满，除供服用纺织品外，还可用作装饰品，在工业、医疗及国防上都有重要的用途。

（1）桑蚕丝的形态结构。桑蚕茧的表面包围着不规则的茧丝，细而脆弱，称为茧衣。茧衣里面是茧层，茧层结构紧密，茧丝排列重叠规则，粗细均匀，形成10多层重叠密接的薄丝层，是组成茧层的主要部分，占全部丝量的70%~80%。薄丝层由丝胶胶着，其间存在许多微小的空隙，使茧层具有一定的通气性与透水性。最里层的茧丝纤度最细，结构松散，称为蛹衬。茧层可缫丝，形成连续长丝，称为"生丝"。茧衣和蛹衬因丝较细且脆弱而不能缫丝，只能用作绢纺原料。

桑蚕丝由两根单丝平行黏合而成，各自中心是丝素，外围是丝胶。桑蚕丝的横截面呈半椭圆形或略呈三角形，如图2－17所示。丝素大分子平行排列，集束成微原纤，微原纤间存在结晶不规整的部分和无定形部分，集束堆砌成原纤，平行的原纤堆砌成丝素纤维。

桑蚕丝的粗细用纤度（旦尼尔）或线密度（tex）表示。纤度因蚕的品种、饲养条件等的不同而有差异，同一粒茧上的茧丝纤度也有差异，一般外层较粗、中层最粗、内层最细。

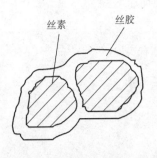

图 2 - 17　桑蚕丝的横截面

（2）桑蚕丝的主要性质。

①长度和细度。桑蚕丝的长度一般为 1200 ~ 1500m，细度为 2.64 ~ 3.74dtex（2.4 ~ 3.4 旦）。生丝的细度和均匀度是生丝品质的重要指标。丝织物品种繁多，如绸、缎、纱、绉等，其中轻薄的丝织物，不仅要求生丝的细度细，而且对细度均匀度也有很高的要求。细度不匀的生丝，将会使丝织物表面出现色档、条档等疵点而严重影响织物的外观，造成织物的强伸性不匀等。

②强伸性。生丝的强伸性度较好，相对强度为 2.6 ~ 3.5cN/dtex，在纺织纤维中属于较高的，断裂伸长率约为 20%。熟丝因脱去丝胶使单丝之间的黏着力降低，因此其相对强度和断裂伸长率都有所下降。吸湿后，桑蚕丝的湿强为干强的 80% ~ 90%，伸长约增加 45%。由茧丝构成的生丝，其强度和断裂伸长率除了取决于茧丝的强伸度外，还与生丝的细度、缫丝工艺等因素有关，不同细度生丝的强伸性能见表 2 - 5。

表 2 - 5　不同细度的桑蚕生丝的强伸性能

生丝的平均线密度（dtex）	16.7	23.3	25.6	33.3	51.1
生丝的平均纤度（旦）	15	21	23	30	46
干断裂比强度（cN/dtex）	3.4	3.4	3.4	3.4	3.6
干断裂伸长率（%）	17.6	18.6	18.7	18.9	19.5

③密度。桑蚕丝的密度较小，因此其织成的丝绸轻薄。生丝的密度为 1.30 ~ 1.37g/cm³，精练后熟丝的密度为 1.25 ~ 1.30g/cm³。

④吸湿性。蚕丝具有很好的吸湿性，桑蚕丝的标准回潮率约为 11%。在天然纤维中，其吸湿性比羊毛的差，比棉的好。蚕丝吸湿性较好的原因是其蛋白质分子链中含有大量的极性基团（—NH_2、—COOH、—OH），这也是蚕丝类产品穿着舒适的重要原因。丝胶中的极性基团和非晶区的比例高于丝素中的，故其吸湿性优于丝素。

⑤光学性质。茧丝具有多层丝胶、丝素蛋白的层状结构，光线入射后，可以进行多层反射，反射光相互干涉，因而可产生柔和的光泽。生丝的颜色一般为白色或淡黄色，其光泽与生丝的表面形态、生丝中的茧丝含量等有关，一般生丝的截面越接近圆形，则光泽越柔和均匀、表面越光滑，精练后的光泽更为优美。桑蚕丝的耐光性较差，在日光照射下容易泛黄、强度显著下降。日照 200h，桑蚕丝的强度损失约为 50%。

⑥耐酸碱性。蚕丝对酸的抵抗能力不如纤维素纤维强，对碱的抵抗能力比纤维素纤维弱，但是酸和碱都会促使桑蚕丝纤维水解。丝胶的结构比较疏松，水解程度比较剧烈，抵抗酸、碱和酶的水解能力比丝素的弱。蚕丝对碱的抵抗力很弱，较稀的碱液也能侵蚀丝素；强酸溶液会损伤丝素和丝胶，但弱酸溶液尤其是当 PH 为 4.0 时，对丝素和丝胶无损害作用。

⑦电学性质。蚕丝是电的不良导体，可以用作电器绝缘材料，如绝缘绸、防弹绸等，用

于工业、国防、军事等方面，但是蚕丝的绝缘性随回潮率的增加而下降。

3. 柞蚕丝

柞蚕丝具有坚牢、耐晒、富有弹性、滑挺等优点，柞丝绸在我国丝绸产品中占有相当的地位。

（1）柞蚕丝的形态结构。柞蚕茧丝是由两根单丝并合组成的，在单丝的周围不规则地凝固有许多丝胶颗粒，而且结合得非常坚牢，必须用较强的碱溶液才能将它们分离。柞蚕丝的横截面形状为锐三角形，扁平呈楔状，如图2-18所示。

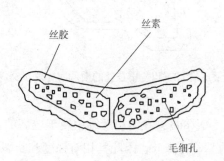

图2-18 柞蚕丝的截面形态

柞蚕茧的茧层主要由丝素和丝胶组成，其中丝素占84%～85%，丝胶约占12%。

（2）柞蚕丝的主要性质。柞蚕的茧丝长度为500～600m，细度约为6.16dex（5.6旦），比桑蚕丝粗。

柞蚕生丝的密度为1.315g/cm³，比桑蚕生丝的密度略小，这是因为其丝胶的含量小于桑蚕丝的；柞蚕熟丝的密度为1.305g/cm³，比桑蚕丝的略大，这是因为柞蚕丝中的丝胶较难去除。

柞蚕丝的标准回潮率约为12%，比桑蚕丝的略高，原因是柞蚕丝的内部结构较为疏松。

柞蚕丝的相对强度略低于桑蚕丝的，而断裂伸长率约为25%，略高于桑蚕丝的。吸湿后，柞蚕丝的湿强度比干强度高10%，湿伸长比干伸长增加72%，这一性能与桑蚕丝的不同，这是因为柞蚕丝中所含氨基酸的化学组成及聚集态结构与桑蚕丝的不同。

柞蚕丝的颜色一般呈淡黄、淡黄褐色，这种天然的淡黄色赋予柞蚕丝产品一种更加华丽富贵的外观。柞蚕丝的光泽也别具一格，虽然不及桑蚕丝那般柔和优雅，但却有一种隐隐闪光的效应，人称珠宝光泽，这与柞蚕丝更为扁平的三角形截面有关。柞蚕丝的耐光性比桑蚕丝的好，在同样的日照条件下，柞蚕丝的强度损失较小。

柞蚕丝也是耐酸性大于耐碱性，且柞蚕丝对酸碱的抵抗能力均比桑蚕丝的强，特别是在有机酸中很稳定。

三、纺织用特种动物纤维

特种动物纤维是指除了绵羊毛以外可以用于纺织的其他动物毛纤维。由于特种动物毛的产量与绵羊相比数量较少，所以又称为稀有动物纤维。天然动物毛的种类很多，按其性质和来源，纺织工业所用的天然动物毛的种类见表2-6。

表2-6 天然动物毛的种类

动物种类	绵羊	山羊	兔	牦牛	骆驼	羊驼	其他动物
动物毛名称	绵羊毛	山羊绒	安哥拉兔毛	牦牛绒	驼绒	羊驼绒	藏羚羊羊绒
		马海毛	其他兔毛	牦牛毛	驼毛	羊驼毛	鹿绒等

1. 山羊绒

从山羊身上抓剪下来的绒纤维称为山羊绒，简称为羊绒（cashmere）。山羊绒是紧贴山羊皮生长的浓密的绒毛，柔软、轻盈且保暖性好，是高档服饰的原料。由于一只山羊年产羊绒只有100～200g，所以羊绒有"软黄金""白色的金子"等美誉。

世界山羊绒生产国主要有中国、蒙古、伊朗、印度、阿富汗和土耳其，其中，中国产量占世界总产量的50%～60%，而且质量也最好，主要产地为内蒙古、新疆、辽宁、陕西、甘肃、山西、山东、宁夏、西藏、青海等省区，其中以内蒙古的产量最高、质量最好。

羊绒具有不规则的稀而深的卷曲，由鳞片层和皮质层组成，没有髓质层，具有的主要特点为：

（1）纤细、柔软保暖。羊绒是动物纤维中最细的一种，阿尔巴斯羊绒细度一般在13～15.5μm，自然卷曲度高，在纺纱织造中排列紧密、抱合力好，所以保暖性好，是羊毛的1.5～2倍。

（2）色泽自然柔和。羊绒纤维细度均匀、密度小，横截面多为规则的圆形，吸湿性强，可充分地吸收染料，不易褪色。与其他纤维相比，羊绒具有光泽自然、柔和、纯正、艳丽等优点。

（3）柔韧有弹性。羊绒纤维由于其卷曲数、卷曲率、卷曲回复率均较大，宜于加工为手感丰满、柔软，弹性好的针织品，穿着起来舒适自然，而且有良好的还原特性，尤其表现在洗涤后不缩水、保型性好。

（4）羊绒对酸、碱、热的反应比细羊毛敏感，即使在较低的温度和较低浓度酸、碱液的条件下，纤维损伤也很显著，对含氯的氧化剂尤为敏感。

2. 马海毛

马海毛（mohair）原产于土耳其安哥拉地区，所以又称为安哥拉山羊毛，属于珍稀的特种动物纤维，美国、南非、土耳其是三大主要产地，我国的宁夏也有少量生产。安哥拉山羊如图2-19所示。马海毛纤维粗长（长度为200～250mm，直径为10～90μm）、卷曲少、具有蚕丝般的光泽、光滑的表面、柔软的手感，强度大，不易毡缩，易于洗涤。

图2-19 安哥拉山羊

马海毛以白色为主，也有少数棕色和驼色，其制品外观高雅、华贵、色深且鲜艳，洗后不像羊毛那样容易毡缩，不易沾染灰尘，属于高档的夏季或冬季面料的原料，主要用于大衣、毛衣、毛毯和针织毛线的生产，可纯纺或混纺制作男女各式服装、提花毛毯、装饰织物、花边、饰带及假发等。

3. 兔毛

兔毛（rabbit hair）由绒毛和粗毛组成，在优良的长毛种兔毛中，绒毛占 80%～90%。绒毛细软、保暖性好，细度为 5～30μm，80%的纤维细度为 10～15μm，有浅波状卷曲。兔毛的鳞片少且表面光滑，故纤维之间的抱合力比较差，织物容易掉毛，而且强度比较低，因此兔毛的纯纺比较困难，大多与其他蛋白质纤维混纺，可做针织衫和机织面料。不同品种中，安哥拉长毛兔的品质最好。

4. 牦牛绒与牦牛毛

牦牛是我国青藏高原特有的珍贵动物，如图 2-20 所示，它的毛可做衣服或帐篷，皮是制革的好材料。我国是世界上牦牛产量最高的国家，主要分布在西藏、青海、新疆、甘肃、四川等省区。

牦牛毛由绒毛和粗毛组成。牦牛的被毛浓密粗长，内层生有细而短的绒毛，即牦牛绒（yak wool），是高档的毛纺原料。牦牛绒的平均细度为 18μm，最细的可达 7.5μm，长度为 340～450mm，强度较高（单纤维的平均断裂

图 2-20 牦牛

强力为 5.15cN，断裂伸长率为 45.86%），光泽柔和，弹性强，可与山羊绒相媲美，但由于是有色毛而限制了其产品的花色。牦牛绒的抱合力较好，产品丰满柔软、缩绒性较强、抗弯曲疲劳性较差，可以纯纺或与羊毛混纺制成花呢、针织绒衫、内衣裤、护肩、护腰、护膝、围巾等，这类产品的手感柔软、滑糯，保暖性强，色泽素雅，且具有保健功能等。

牦牛毛（yak hair）略有髓质层，平均直径约为 70μm，长度为 100～120mm，毛色黑、强韧光滑、富于弹性，是制造黑炭衬的理想原料。白色牦牛毛和牦牛绒的品质与光泽最优，有很高的纺用价值。

5. 骆驼绒

骆驼身上的外层毛粗而坚韧，称为骆驼毛（camel hair）；在外层粗毛之下的绒毛细短柔软，称为骆驼绒（camel wool）。我国是双峰骆驼的主要产地，其含绒量高达 70% 以上。骆驼绒的平均直径为 14～23μm，平均长度为 40～70mm，带有天然的杏黄、棕褐等颜色，鳞片边缘较光滑，不易毡缩，具有良好的保暖性，可做衣服絮衬，也可织制高级服装用织物和毛毯。

6. 羊驼毛

羊驼属于骆驼科，主要产于秘鲁，如图 2-21 所示。因其绒毛具有山羊绒的细度和马海毛的光泽，加之产量稀少，故极为名贵。

与羊毛相比，羊驼毛（alpaca wool）的长度较长，为 15～40cm，细度偏粗，为 20～30μm，不适合纺细特纱。羊驼毛表面的鳞片贴伏、边缘光滑，卷曲少，顺、逆鳞片的摩擦系

图 2-21 羊驼

数差异较羊毛的少,所以羊驼毛富有光泽,有丝光感,抱合力小,防毡缩性较羊毛好。羊驼毛的洗净率高达90%以上,不需洗毛就可以直接应用。南美高原野生的羊驼是天然动物毛中最细、品质极优的纤维,平均直径约为13.2μm。

羊驼的生长环境比较恶劣(昼夜温差极大、阳光辐射强烈、大气稀薄、寒风凛冽),因此其毛发能够抵御极端的温度变化,而且还能有效的抵御阳光辐射,以其织制的织物保暖性优于羊毛、羊绒或马海毛织物。

羊驼毛纤维的另一个独特特点是具有22种天然光泽,即从白到黑一系列不同深浅的棕色、灰色,是特种动物纤维中天然色彩最丰富的纤维。市场上的"阿尔巴卡"即是指羊驼毛;"苏力"是羊驼毛中的一种,且多指成年羊驼毛,纤维较长、色泽靓丽;"贝贝"指羊驼幼仔毛,纤维相对较细、较软。

几种常见的特种动物毛纤维的结构组成见表2-7,几种常见的特种动物毛纤维的常见性能见表2-8。

表 2-7 几种常见的特种动物毛纤维的结构组成

	鳞片层	皮质层	髓质层
山羊绒	斜条环状	双侧结构	无
马海毛	较整齐的平阔瓦状	皮芯结构	有
兔毛	环形、菱形、斜条状	不均匀混杂结构	单列或多列方格状
牦牛绒	斜条环状	双侧结构	多数无,个别有断续髓质
骆驼绒	斜条环状	双侧结构	多数无
羊驼绒	斜条环状	双侧结构或皮芯结构	无

表2-8 几种常见的特种动物毛纤维的常见性能

	细度（μm）	长度（mm）	卷曲数（个/cm）	卷曲率（%）
山羊绒	14~17	30~40	4~5	11
马海毛	10~90	100~150	0.2~4	1.9~3
兔细毛	5~30	20~90	2~3	2.6
兔粗毛	30~100	20~90	2~3	2.6
牦牛绒	14~35	26~60	3~4	10.7
牦牛毛	35~100	100~450	2~3	10
骆驼绒	14~40	5~115	3~7	7.6
骆驼毛	40~200	100~500	0~3	
羊驼绒	10~35	8~12	0~4	
羊驼毛	75~150	50~300	0~3	
藏羚羊绒	9~12			

第三节 化学纤维

一、再生纤维

以木材、大豆、牛奶等天然材料为原料，采用化学的方法聚合而成的聚合物。分为再生纤维素纤维（如黏胶纤维、铜氨纤维、醋酯纤维等）、再生蛋白质纤维（大豆纤维、牛奶纤维等）。

（一）再生纤维素纤维

1. 黏胶纤维

黏胶纤维是再生纤维素纤维的主要品种，是以木材、棉短绒、芦苇等含天然纤维素的材料经化学加工而成。从性能上分有普通黏胶纤维、高湿模量黏胶纤维等不同品种；从形态分有短纤维和长丝两种。黏胶短纤维常被称为人造棉，长丝被称为人造丝。

黏胶纤维的化学组成与棉纤维相同。取向度比棉低，结构中缝隙、空洞比棉大。截面呈不规则的锯齿形，有明显的皮芯结构。吸湿性好，公定回潮率可达13%，染色性能好，色谱全，色泽鲜艳，牢度好。织物柔软，比重大，悬垂性好，织物穿着凉爽舒适，不易产生静电、起毛和起球。缺点是织物弹性差，容易起皱和不易回复，因此服装的保型性差；而且织物下水后，直径变粗，长度收缩，变重变硬，强力也几乎下降一半，不宜在湿态下加工。

高湿模量的黏胶纤维被称为富强纤维或虎木棉，其强度（特别是湿强）和弹性都优于普通黏胶纤维，在服用性能方面有较大改善。

2. 铜氨纤维

铜氨纤维属于溶剂纺纤维素纤维，将纤维素浆粕（主要是棉浆粕）溶解在氢氧化铜或碱性铜盐的浓铜氨溶液内，制成铜氨纤维素纺丝溶液，在水或稀碱溶液的凝固浴中（湿法）纺丝成形。铜氨纤维截面呈圆形，无皮芯结构。纤维表面光滑，光泽柔和，有真丝感；吸湿性与黏胶纤维相似，回潮率可达12%，上染性优于黏胶纤维；干强与黏胶纤维相近，湿强高于黏胶纤维，但加工中的酸、碱残留物易于损伤纤维。铜氨纤维成形工艺复杂，产量较低，一般用作高档衣料。

3. 醋酯纤维

醋醋纤维是由含纤维素的天然材料经化学加工而成。其主要成分是纤维素醋酸酯，在性质上与纤维素纤维相差较大，有二醋酯纤维和三醋酯纤维之分。二醋酯维大多具有丝绸风格，多制成光滑柔软的绸缎或挺爽的塔夫绸，但耐高温性差，难以通过热定形形成永久保持的褶裥，其强度低于黏胶纤维，湿态强力也较低，耐用性较差。截面为不规则多瓣形，无皮芯结构。模量较低，易伸长，低伸长下弹性回复性能好，织物柔软，有弹性，不易起皱，悬垂性好。

（二）再生蛋白质纤维

再生蛋白质纤维主要有大豆蛋白、牛奶蛋白另外还有酪素蛋白、蚕蛹蛋白、花生蛋白。其生产方法主要有共混纺丝、接枝共聚纺丝两种，其纤维强度低；耐热性差，易泛黄；纤维自身发黄；生产成本高。

1. 大豆蛋白纤维

大豆蛋白纤维属再生植物蛋白纤维，它采用自然界的大豆粕，通过生物工程新技术从大豆的豆粕中提炼出的蛋白质经由其他助剂和生物酶的处理，以湿法纺丝而成。大豆蛋白纤维原色为淡黄色，很像柞蚕丝色。由大豆蛋白纤维织成的织物手感柔软、滑爽，质地轻薄，具有真丝般的光泽和良好的悬垂性。

由于纤维自身的优良性能，可广泛应用于服装领域。可生产制作高档内衣、羊绒衫、贴身服装以及高档休闲服装、西服、运动服、床上用品等。

2. 牛奶蛋白纤维

牛奶蛋白纤维是将乳酪蛋白与聚丙烯腈进行共混、交联、接枝，制备成纺丝原液，通过湿法纺丝制成，又称牛奶丝、牛奶纤维。

牛奶蛋白纤维柔软、透气、导湿性好，保暖性好，可开发高档内衣、衬衫、家居服饰、男女T恤、牛奶羊绒裙、休闲装、家纺床上用品等。由于牛奶蛋白中含有氨基酸，产品还具有抗菌消炎、亲肤功能。

二、合成纤维

1. 涤纶

涤纶属于聚酯纤维，是合成纤维中的一个重要品种，也是当前合成纤维中发展最快、产量最大的化学纤维。涤纶的比重为1.38；熔点255～260℃，在205℃时开始黏结，安全熨烫温度为135℃，有优良的耐皱性、弹性和尺寸稳定性，有良好的电绝缘性能，耐日光，耐摩擦，不霉不蛀，有较好的耐化学试剂性能，能耐弱酸及弱碱。在室温下，有一定的耐稀强酸的能力，耐强碱性较差。涤纶的染色性能较差，一般须在高温或有载体存在的条件下用分散性染料染色。涤纶织物具有较高的强度与弹性回复能力。它不仅坚牢耐用，而且挺括抗皱，洗后免熨烫。涤纶织物吸湿性较小，在穿着使用过程中易洗快干，极为方便。其湿后强度不下降，洗后不变形，有良好的洗可穿服用特性。涤纶织物服用缺点是吸湿性差，透气性差，穿着有闷热感，易产生静电而吸尘沾污，抗熔性较差，在穿着使用中接触烟灰、火星立即形成孔洞。

2. 锦纶

锦纶为聚酰胺纤维，俗称尼龙，是世界上出现的第一种合成纤维。常用的有锦纶6、锦纶66，我国以前者为主。最大优点是结实耐磨，其耐磨性居纺织纤维之首，密度小，织物轻，弹性好，耐疲劳破坏，化学稳定性也很好，耐碱不耐酸。最大缺点是耐日光性不好，织物久晒就会变黄，强度下降，吸湿也不好，但比腈纶、涤纶好。由于锦纶的弹性很好，常用它做袜子、手套及针织运动衣等。

3. 腈纶

腈纶为聚丙烯腈纤维，腈纶手感柔软、弹性好，酷似羊毛，被称为"人造羊毛"。腈纶以短纤维为主，用来纯纺或与羊毛等其他纤维混纺。腈纶织物的耐光性居各种纤维之首，在日光下曝晒一年的蚕丝、锦纶、黏胶纤维及羊毛织物等已基本破坏，而腈纶织物强度仅下降20%左右。腈纶织物色泽艳丽，与羊毛适当比例混纺可改善外观光泽且不影响手感。腈纶的缺点是易起球、吸湿性较差，耐热性差、耐酸碱性差、耐磨性较差。

4. 丙纶

丙纶为聚丙烯纤维，有长丝和短纤维。丙纶与棉同类织物相比，仅为其重量的3/5，是合成纤维中最轻的纤维。丙纶织物吸湿性极小，基本不缩水，耐热性差，耐腐蚀，但不耐光，洗后不宜曝晒。丙纶织物强度及耐磨性好，坚牢耐用。

5. 氨纶

氨纶俗称弹性纤维，最著名的商品名称是美国杜邦公司生产的"莱卡"（Lycra）。它以单丝、复丝或包芯纱、包缠纱形式与其他纤维混合。尽管在织物中含量很少，但能大大改善织物的弹性，使服装具有良好的尺寸稳定性，改善合体度，且紧贴人体又能伸缩自如，便于活动。氨纶的回潮率在1.5%以下，对多数酸比较稳定，但对碱尤其是热碱易被溶解；对其他化学试剂也比较稳定。长期在日光下，强度会逐渐下降，颜色也会发生变化。

6. 维纶

维纶的化学名称叫聚乙烯醇缩甲醛纤维，简称聚乙烯醇纤维。其织物的外观与手感似棉织物。维纶织物吸湿性在合成纤维织物中最好，回潮率为4.5%~5%，织物坚牢，耐磨性能均好，质轻舒适。染色性与耐热性差，织物色泽不鲜艳，抗皱挺括性也差，故维纶织物的缝纫及服用性能欠佳。耐腐蚀、耐酸碱，价格低廉，一般多用做工作服或帆布。

第四节　无机纤维

一、石棉

石棉是天然矿物纤维，是由中基性的火成岩或含有铁、镁的石灰质白云岩在中高温环境变质条件下变质生成的变质矿物岩石结晶。它们的基本化学分子式是镁、钠、铁、钙、铝的硅酸盐或铝硅酸盐，且含有羟基。石棉纤维耐热性较好，广泛应用于耐热、隔热、保温的服装，化工过滤材料，锅炉烘箱的保温材料，石棉板建筑材料，电绝缘的防水填充材料等。石棉纤维破碎体是直径亚微米级的短纤维末，在流动空气中会随风飞散，被人吸入肺部将引起硅沉着病。因此，在全世界范围内已公开限制或禁止石棉纤维的应用，其生产规模近年来已明显下降。

二、玻璃纤维

玻璃纤维是用硅酸盐类物质人工熔融纺丝形成的无机长丝纤维，其主要成分为二氧化硅。玻璃纤维有良好的电气绝缘性能及物理性能，广泛应用于绝缘材料。采用玻璃纤维制成的机织物和毡类非织造布，耐高温、耐腐蚀、有较高的强度和刚度等特性，可作为化学物质过滤处理中的重要材料。以玻璃纤维织物为增强材料、以高聚物为基体而形成的复合材料，近60年来获得了广泛的发展，且这种复合材料可称为"玻璃钢"。目前，"玻璃钢"作为一种基本材料，在交通、运输、环境保护、石油、化工、电器、电子工业、机械、航空、航天、核能军事等部门和产业中得到广泛利用。

三、金属纤维

金属纤维是指金属含量较高，而且金属材料连续分布的、横向尺寸在微米级的纤维形材料。将金属微粉非连续性散布于有机聚合物中的纤维不属于金属纤维。金属纤维具有良好的力学性能、导电性能，耐高温、耐腐蚀，可在智能服装中作为电源传输和电信号传输等的导线，也可作为抗静电材料。金属纤维混入织物中具有良好的电磁屏蔽效果，在军事、航空领域有广泛应用。

第五节　常用纤维的鉴别

各种纺织纤维的外观形态或内在性质有相似的地方，也有不同之处。纤维鉴别就是利用纤维外观形态或内在性质差异，采用各种方法把它们区分开来。各种天然纤维的形态差别较为明显，因此，鉴别天然纤维主要是根据纤维外观形态特征。而许多化学纤维特别是一般合成纤维的外观形态基本相似，其截面多数为圆形，但随着异形纤维的发展，同一种类的化学纤维可以制成不同的截面形态，这就很难从形态特征上分清纤维品种，因而必须结合其他方法进行鉴别。由于各种化学纤维的物质组成和结构不同，它们的物理化学性质差别很大。因此，化学纤维主要根据纤维物理和化学性质的差异来进行鉴别。

鉴别纤维是一项实用性很强的技术，就是根据各种纤维的外观形态和内在性质的差异，采用物理或化学方法来区别纤维种类。常用的鉴别纤维的方法有显微镜观察法、燃烧法、化学溶解法、药品着色法、熔点法、系统鉴别法等。此外，也可以根据纤维分子结构鉴别纤维，如 X 射线衍射法及红外线吸收光谱法等。

一、显微镜观察法

纤维的细度很细，但其纵向（即表观）和截面特征有很大差异，因此可以借助光学显微镜或扫描电子显微镜对纵向和截面特征进行观察。该法能准确快速地鉴别出那些纵横向具有特殊形态特征的天然纤维，但合成纤维的品种不能准确鉴别，需要借助其他方法。常见纤维的纵横向形态特征见表 2–9。

表 2–9　常见纤维的纵横向形态特征

纤维种类	纵向形态	横截面形态
棉	天然转曲	腰圆形，有中腔
苎麻	横节竖纹	腰圆形，有中腔，胞壁有裂纹
绵羊毛	鳞片大多呈环状或瓦状	近似圆形或椭圆形，有的有毛髓
山羊绒	鳞片大多呈环状，边缘光滑，间距较大，张角较小	多为较规则的圆形
兔毛	鳞片大多呈斜条状，有单列或多列毛髓	绒毛为非圆形，有一个中腔；粗毛为腰圆形，有多个中腔
桑蚕丝	平滑	不规则三角形
黏胶纤维	多根沟槽	锯齿形，有皮芯结构
醋酯纤维	1~2 根沟槽	梅花形
腈纶	平滑或 1~2 根沟槽	圆形或哑铃形
涤纶、锦纶、丙纶等	平滑	圆形

显微镜观察法能用于纯纺（由一种纤维构成）、混纺（由两种或多种纤维构成）和交织（经纬纱用不同的原料）产品的鉴别，能正确地将天然纤维和化学纤维区分开，但是不能确定合成纤维的具体品种。

二、燃烧法

燃烧法是一种感官判定的方法，该法是根据纤维的化学组成不同，其燃烧的特征也不同来区分纤维的大类。

利用这种方法能准确地将常用纤维分成三大类，即纤维素纤维（棉、麻、黏胶纤维等）、蛋白质纤维（毛、丝等）及合成纤维（涤纶、锦纶、腈纶、丙纶、维纶、氯纶等）。三大类纤维燃烧的特征见表2-10。

表2-10　三大类纤维燃烧的特征

纤维类别	接近火焰	火焰中	离开火焰	残留物形态	气味
纤维素纤维（棉、麻、黏胶纤维等）	不熔不缩	迅速燃烧	继续燃烧	细腻灰白色	烧纸味
蛋白质纤维（丝、毛等）	收缩	渐渐燃烧	不易延烧	松脆黑灰	烧毛发臭味
合成纤维（涤纶、锦纶、丙纶等）	收缩、熔融	熔融燃烧	继续燃烧	硬块	各种特殊气味

燃烧法适用于单一成分的纤维，不适用于混合成分的纤维或经过防火、防燃及其他整理的纤维和纺织品。对混合成分的纤维，虽然不能确定量，但可以知道含有哪几类纤维。

三、化学溶解法

1. 实验原理

该法是根据不同的纤维在不同试剂中的溶解性能不同来鉴别。优点是：它适用于各种纺织纤维，不仅适用于单一成分的纤维，还适用于混合成分的纤维，而且对混合纤维还能进行定量分析；缺点是：要找到不易挥发且溶解时无剧烈放热或产生有毒气体的化学溶剂。

2. 实验步骤

（1）单一成分的纤维鉴别步骤。抽取少量的纤维→置入试管中→注入一定浓度的溶剂（用玻璃棒搅拌）→观察纤维在溶液中的溶解情况（如溶解、部分溶解、微溶、不溶），记录溶解温度（常温溶解、加热溶解、煮沸溶解）→对照溶解性能表，确定纤维品种。

（2）混合成分的纤维鉴别步骤。抽取少量混合纤维→放入凹面载玻片中→凹面载玻片放在显微镜载物台上→凹面处滴上少量溶剂→盖上盖玻片→在显微镜下观察各种纤维的溶解情况→确定纤维的成分。

如果要对混合纤维做定量分析，可以选择适当的溶剂溶去一种组分，将不溶的另一组分纤维洗净、烘干、称重，计算各组分纤维含量的百分比。

常用溶剂和纤维的溶解性能见表2-11。

表2-11　常用溶剂和纤维的溶解性能

纤维种类 ＼ 溶剂	盐酸（30%，24℃）	硫酸（75%，24℃）	氢氧化钠（5%，煮沸）	甲酸（85%，24℃）	冰醋酸（24℃）	间甲酚（24℃）	二甲基甲酰胺（24℃）	二甲苯（24℃）
棉	I	S	I	I	I	I	I	I

续表

纤维种类 \ 溶剂	盐酸 (30%，24℃)	硫酸 (75%，24℃)	氢氧化钠 (5%，煮沸)	甲酸 (85%，24℃)	冰醋酸 (24℃)	间甲酚 (24℃)	二甲基甲酰胺 (24℃)	二甲苯 (24℃)
羊毛	I	I	S	I	I	I	I	I
蚕丝	S	S	S	I	I	I	I	I
麻	I	S	I	I	I	I	I	I
黏胶纤维	S	S	I	I	I	I	I	I
醋酯纤维	S	S	P	S	S	S	S	I
涤纶	I	I	I	I	I	I	I	II
锦纶	S	S	I	S	I	I	I	I
腈纶	I	SS	I	I	I	I	S	I
维纶	S	S	I	S	I	S	I	I
丙纶	I	I	I	I	I	I	I	S
氯纶	I	I	I	I	I	I	I	I

注 S——溶解；SS——微溶；P——部分溶解；I——不溶解

四、药品着色法

1. 实验原理

该法是根据各种纤维对某种化学药品着色性能不同来迅速鉴别纤维品种。它适用于未染色的单一成分的纤维，不适用混合纤维和染色后的单一成分纤维。

2. 实验步骤

鉴别纺织纤维的着色剂通常采用碘—碘化钾溶液和1号着色剂[1]。

（1）碘—碘化钾溶液实验步骤。

①制备碘—碘化钾溶液。将20g碘溶解于100mL饱和碘化钾溶液中。

②将纤维浸入微沸的碘—碘化钾溶液中0.5～1min。时间从放入试样后染液微沸开始计算。

③染完后取出纤维，用清水洗净，根据着色不同判断纤维。

（2）1号着色剂实验步骤。

①将试样放入微沸的着色溶液中，沸染1min，时间从放入试样后染液微沸开始计算。

②染完后倒去染液，冷水清洗，晾干。对羊毛、蚕丝和锦纶可采用沸染3s的方法，扩大色相差异。

③染好后与标准样对照，根据色相确定纤维类别。

---

[1] 1号着色剂：分散黄（SE-6GFL）3.0g；阳离子红（X-GFL）2.0g；直接耐晒蓝（B₂RL）8.0g；蒸馏水1000g，使用时稀释5倍。

常见的几种纺织纤维的着色反应见表2-12。

表2-12　常见的几种纺织纤维的着色反应

纤维种类	1号着色剂	碘—碘化钾	纤维种类	1号着色剂	碘—碘化钾
棉	灰	不染色	涤纶	红玉	不染色
麻（苎麻）	青莲	不染色	锦纶	酱红	黑褐
羊毛	红莲	淡黄	腈纶	桃红	褐色
蚕丝	深紫	淡黄	维纶	玫红	蓝灰
黏胶纤维	绿	黑蓝青	氯纶	—	不染色
铜氨纤维	—	黑蓝青	丙纶	鹅黄	不染色
醋酯纤维	橘红	黄褐	氨纶	姜黄	—

五、熔点法

熔点法是根据化学纤维的熔融特性，在化学熔点仪上或在附有加热和测温装置的偏光显微镜下，观察纤维消光时的温度来测定纤维的熔点，从而鉴别纤维。由于某些化纤的熔点比较接近，较难区分，还有些纤维没有明显的熔点，因此，熔点法一般不单独应用，而是作为证实某种纤维的辅助方法。几种化学纤维的熔点见表2-13。

表2-13　几种化学纤维的熔点

纤维名称	熔点范围（℃）	纤维名称	熔点范围（℃）
二醋酯纤维	255~260	腈纶	不明显
三醋酯纤维	280~300	维纶	不明显
涤纶	255~260	丙纶	165~173
锦纶6	215~220	氯纶	200~210
锦纶66	250~260	氨纶	228~234

六、系统鉴别法

在纺织纤维鉴别过程当中，有些纤维用单一方法较难鉴别，需要借助其他方法综合运用，分析后才能准确地鉴别出来。例如，用燃烧法可以将纤维鉴别出三大类：纤维素纤维、蛋白质纤维、合成纤维，要继续鉴别分别是属于这三大类纤维的哪一种，还需借助显微镜观察法或着色反应法或溶解法。系统鉴别法的实验步骤如下。

（1）首先看看未知的几种纤维是否属于弹性纤维，若不属于，可用燃烧法将纤维初步分成三大类：纤维素纤维、蛋白质纤维、合成纤维。

（2）纤维素纤维和蛋白质纤维各自有不同的横截面和纵向特征，可用显微镜观察法鉴别出。

（3）合成纤维一般用溶解法，根据不同的化学溶剂在不同温度下的溶解性能来鉴别。

☞ 思考题

1. 简述正常成熟的棉纤维的纵向和横截面的形态特征。

2. 简述棉纤维的化学成分和化学性质。

3. 苎麻和亚麻各有什么性能?

4. 纤维素纤维有哪些共同的优点?其化学组成的不同对其性能有哪些影响?

5. 羊毛纤维的截面主要有哪几部分组成?各部分的作用是什么?

6. 羊毛纤维中的正皮质、偏皮质、间皮质细胞是如何分布的?有什么区别?

7. 绵羊毛的细度指标有哪些?

8. 桑蚕丝的主要性能如何?柞蚕丝的性能与桑蚕丝相比有哪些不同?

9. 绵羊毛、山羊绒、牦牛绒、骆驼绒各有哪些特点?

10. 蛋白质纤维有哪些共同的特性?

11. 用简单可靠的方法鉴别棉、麻、蚕丝、羊毛、黏胶纤维、涤纶。

12. 如何鉴别羊毛、涤纶、黏胶纤维三合一的混纺品?

第三章 纺织服装用纱线

纱线是用纤维原料纺制而成的，广泛用于服装的面料、里料、花边、绳带、衬料中，以及绣花线、金银线、编结线和缝纫线等。

纱线的品质和外观，很大程度上决定了织物的服用性能和表面特征，并直接影响着服装的外观、性能、品质以及服装的成本和加工效率等。

随着现代科学技术的不断发展和在纺织工业中的广泛应用，纺纱设备和工艺除了传统的纺纱系统外，还出现了许多新型纺纱方法和技术，大大增加了纱线的品种，使纱线具有多种外观、风格、手感和内在品质。在某些新型纱线结构中，还使各种纤维的优异品质得到更充分的利用，大大丰富了纺织服装材料，拓宽了纱线的应用领域。

第一节 纱线的分类

通常，纱线是"纱"和"线"的统称。"纱"是将许多短纤维或长丝排列成近似平行状态，并沿轴向旋转加捻，形成具有一定强力和线密度的细长物体；而"线"是由两根或两根以上的单纱加捻而成的股线，特别粗的股线称为绳或缆。纱线的种类很多，分类方法也有很多种。

一、按照原料组成分类

1. 纯纺纱线

由一种纤维原料构成的纱线，如天然纤维构成的纯棉纱线、纯毛纱线、纯麻纱线、桑蚕丝绢纺纱线、纯涤纶纱线、纯锦纶纱线等。

2. 混纺纱线

由两种或两种以上的纤维混合所纺成的纱线，如涤纶与棉的混纺纱线、棉与麻的混纺纱线、锦纶与氨纶的混纺纱线等。

3. 复合纱线

这类纱线主要是指在环锭纺纱机上通过短/短、短/长纤维加捻而成的纱和通过单须条分束或须条集聚方式得到的纱。

二、按照纱线中纤维的状态分类

1. 短纤维纱线（短纤纱）

以各种短纤维为原料经过各种纺纱系统捻合纺制而成的纱线。其特点是纱线结构较疏松，光泽柔和，手感丰满，可制成各种缝纫线、针织纱和针织绒线，也可制成各类棉织物、毛织物、麻织物、绢纺织物，以及各种混纺织物和化学纤维织物。

根据外形结构，短纤纱又可分为单纱和股线等。

（1）单纱。由短纤维经纺纱加工，使短纤维沿轴向排列并经加捻而成的纱。

（2）股线。由两根或两根以上的单纱合并加捻而成的线。

（3）绳。多根股线并合加捻形成直径达到毫米级以上的产品。

（4）缆。多根股线或绳合并加捻形成直径达到数十或数百毫米级的产品。

2. 长丝纱线

由连续的长丝（如蚕丝、化纤丝或人造丝）并合在一起形成的束状物，主要有涤纶长丝、黏胶长丝、尼龙长丝等。长丝纱的特点是：强度和均匀度好，可制成较细的纱线，手感光滑、凉爽、光泽亮，但覆盖性较差、吸湿性差、易起静电。

根据其结构又可分为单丝纱、复丝纱、捻丝、复合捻丝、变形丝等。

（1）单丝纱。指一根长度很长的单根连续的纤维，一般用于生产丝袜、头巾、夏装和泳装等轻薄的织物。

（2）复丝纱。指两根或两根以上单丝合并在一起的丝束，广泛用于礼服、里料和内衣等各种服装。

（3）捻丝。复丝加捻即成捻丝。

（4）复合捻丝。由捻丝再经一次或多次合并、加捻而成，可制成各种绉织物或工业用丝等。

（5）变形丝。化学纤维或天然纤维原丝经过变形加工使之具有卷曲、螺旋、环圈等外观特征而呈现蓬松性、伸缩性的长丝。

常见纱线的形态如图3-1所示。

3. 特殊纱线

（1）变形纱。包括弹力丝、膨体纱、网络丝、空气变形丝等。

①弹力丝。由无弹性的化纤长丝加工成微卷曲的具有伸缩性的化纤丝。

②膨体纱。一般指腈纶等化纤原料制成的纱线，将化纤长丝或生产短纤维的长丝束在一定温度下加热拉伸，使纤维产生较大的伸长，然后冷却固定便形成高收缩纤维；这种纤维和常规纤维按照一定的比例纺制成短纤纱，经过汽蒸

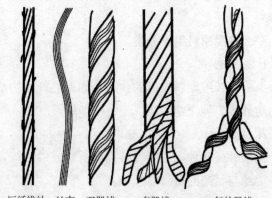

短纤维纱　丝束　双股线　多股线　复捻股线

图3-1　各种纱线示意图

加工后，其中高收缩纤维产生纵向收缩而聚集于纱芯，普通纤维则形成卷曲或环圈而鼓起，使纱结构变得蓬松，表观体积增大，因而称为膨体纱。其典型代表是腈纶膨体纱，也有锦纶和涤纶膨体变形纱，主要用于保暖性较高的毛衣、袜子以及装饰织物等。

③网络丝。丝条在网络喷嘴中，经喷射气流作用使单丝互相缠结而呈周期性网络点的长

丝。网络丝由于有网络结点，所以织造时不需要浆纱，用它织成的织物厚实，表面有仿毛感。

④空气变形丝。化纤长丝经空气变形喷嘴的涡流气旋形成丝圈丝弧，在主杆捻缠抱紧，形成外形像短纤纱的长丝。也有经过磨断丝圈和丝弧形成类似短纤纱的毛羽。

（2）花式纱线。指在纺纱和制线过程中采用特种原料、特种设备或特种工艺对纤维或纱线进行加工而得到的具有特种结构和外观效应的纱线，是纱线产品中具有装饰作用的一种纱线。花式纱线一般由芯纱、饰线和固纱加捻组合而成。几乎所有的天然纤维和常见化学纤维都可以作为生产花式纱线的原料，花式纱线可以采用蚕丝、柞蚕丝、绢丝、人造丝、棉纱、麻纱、合纤丝、金银线、混纺纱、黏胶等作原料。各种纤维可以单独使用，也可以相互混用，取长补短，充分发挥各自固有的特性。

常见的花式纱线如图3-2所示。

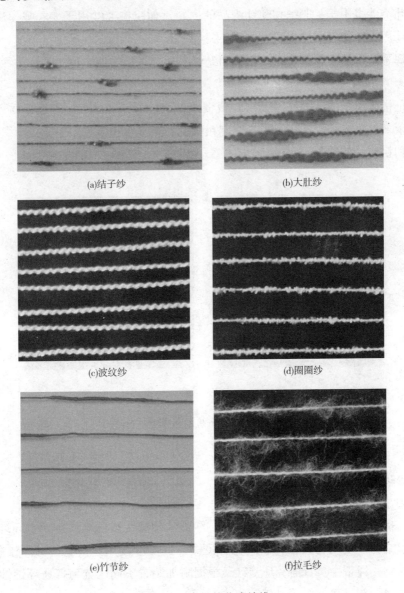

(a)结子纱　　(b)大肚纱

(c)波纹纱　　(d)圈圈纱

(e)竹节纱　　(f)拉毛纱

图3-2　常见的花式纱线

（3）花色纱线。用多种不同颜色的纤维交错搭配或分段搭配形成的纱或线。

三、按照纺纱系统分类

1. 精纺纱

精纺纱也称为精梳纱，是指通过精梳工序纺成的纱，包括精梳棉纱、精梳毛纱、精梳麻纱等。精梳纱中纤维的平行伸直度高，短纤维含量少，条干均匀、光洁、线密度较小，但成本较高。精梳纱主要用于高档织物及针织品的原料，如细纺、花达呢、花呢及针织羊毛衫等。

2. 粗纺纱

粗纺纱指按照一般的纺纱系统进行梳理，不经过精梳工序纺成的纱，包括粗梳毛纱和普梳棉纱。粗纺纱中短纤维含量较多，纤维平行伸直度差、结构松散、毛羽多、线密度较大、品质较差。此类纱多用于一般织物和针织品的原料，如粗梳毛纱用于大衣呢、法兰绒、毛毯等，普梳棉纱用于中特以上的棉织物等。

近年出现了新型的纺纱系统，纺制的粗纺纱品质接近精纺纱，也叫半精纺纱线。

3. 废纺纱

废纺纱是指用纺织的下脚料（废棉）或混入低级原料纺成的纱。纱线品质差、松软、条干不匀、含杂多、色泽差，一般只用来织制粗棉毯、厚绒布和包装布等低档的织物。

精纺纱和粗纺纱如图 3-3 所示。

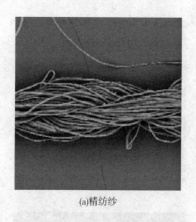 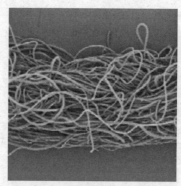

(a)精纺纱　　　　　　　　　　(b)粗纺纱

图 3-3　精纺纱和粗纺纱

四、按照纺纱方法分类

1. 环锭纱

环锭纱是指在环锭纺纱机上，用传统的纺纱方法加捻制成的纱线。纱中纤维多次内外径向转移包绕缠结，纱线结构紧密，断裂比强度高。此类纱线用途广泛，可用于各类机织物、针织物、编结物、绳带中。目前，环锭纱又根据附加装置不同区分为普通环锭纱、集聚（紧密）纱、赛络纱、包芯纱、缆形纱等。

（1）紧密纺纱。紧密纺的纱线毛羽明显减少，尤其是3mm及以上长度的毛羽更少。同时由于原来形成毛羽的纤维都被加捻到纱中，因而提高了纱的强力。

（2）赛络纱。对传统的环锭纺纱和加以改进而直接纺出的类似于双股线结构的纱线。赛络纱条干均匀、毛羽少、手感柔软、透气性好。

（3）包芯纱。以长丝为纱芯，外包短纤维而纺成的纱线。包芯纱兼有纱芯长丝和外包短纤维的优点，性能超过单一纤维。常用的纱芯长丝有涤纶丝、锦纶丝、氨纶丝，常用的外包短纤维有棉、涤/棉、腈纶、羊毛等。

（4）缆型纺纱。在传统环锭纺细纱机前钳口前加装一个分割辊，改变成纱结构的纺纱新技术。缆型纱的纱线结构比较独特，毛羽较少，耐磨性较好。缆型纺面料的抗起球性能、弹性、透气性都明显优于传统的同品种单经单纬产品。

2. 自由端纺纱

自由端纺纱是指将纤维分离成单根并使其凝聚，在一端非机械握持状态下加捻成纱，故称自由端纺纱。典型代表有转杯纱、静电纺纱、涡流纺纱等。

（1）转杯纱。也称气流纱，是通过高速旋转的转杯产生的离心力使纤维在转杯周边凝槽中凝聚后并转杯加捻纺成的纱。

（2）静电纺纱。利用静电场的正负电极，使纤维伸直平行、连续凝聚并加捻制得的纱，其纱线结构与一般纱线相同。

（3）涡流纺纱。利用固定的涡流发生管产生的空气涡流对纤维进行凝聚并加捻纺成的纱。

3. 非自由端纺纱

非自由端纺纱是指在对纤维进行加捻的过程中，纤维须条两端同时处于握持状态的纺纱方法。这种新型纺纱方法主要包括自捻纺纱、喷气纺纱和黏合纺纱等。

（1）自捻纺纱。通过往复搓动的罗拉给两根纱条施以正向及反向搓捻，当纱条平行贴紧时，依靠其退捻回转力互相扭缠成股线。其纱线分段具有不同捻向的捻度，并在捻向转换区有无捻区段存在，因而纱线强度较低。其适于生产羊毛纱和化纤纱，纱线常用于花色织物和绒面织物。

（2）喷气纺纱。利用压缩空气所产生的高速喷射涡流，对纱条施以假捻，经过包缠和纽结而纺制的纱线。成纱结构独特，纱芯几乎无捻，外包纤维随机包缠，结构较疏松，手感粗糙，强度较低。喷气纱线可用于加工机织物和针织物，用于男女上衣、衬衣、运动服和工作服等。

（3）黏合纺纱。利用黏合剂使须条抱合成纱，短纤维的黏合纱称为无捻纱。

常见新型纺纱的纱线的结构如图3-4所示。

五、按照纱线的用途分类

（1）机织用纱。指加工机织物（梭织物）所用的纱线，分为经纱和纬纱两种。经纱用作织物纬向纱线，要求捻度较大、强度较高、耐磨性较好；纬纱用作织物经向纱线，具有捻度

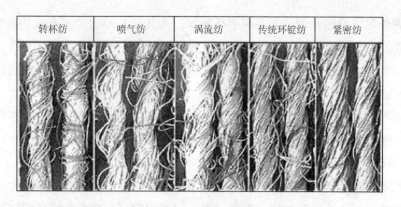

| 转杯纺 | 喷气纺 | 涡流纺 | 传统环锭纺 | 紧密纺 |

图 3 – 4　常见新型纺纱的纱线结构

较小、强度较低、柔软的特点。

（2）针织用纱。指加工针织物所用的纱线。要求均匀度较高、捻度较小、疵点少、强度适中。

（3）起绒用纱。供织绒类织物、形成绒层或毛层的纱。要求纤维较长、捻度较小。

（4）特种纱线。特种工业用纱，如轮胎帘子线等。

六、按照纱线的后加工方式分类

（1）本色纱。本色纱又称原色纱，是未经过漂白处理保持纤维原有色泽的纱线。

（2）染色纱。原色纱经过煮练、染色制成的纱线。

（3）漂白纱。原色纱经过煮练、漂白制成的纱线。

（4）烧毛纱。通过烧掉纱线表面的茸毛，获得光洁表面的纱线。

（5）丝光纱。通过氢氧化钠强碱处理，并施加张力，使光洁度和强力获得改善的纱线。

第二节　纱线的细度及细度不匀

纱线细度是纱线最重要的指标之一，决定着纱线的用途或档次，是纱线交付验收和品质评定的重要依据。纱线越细，对纤维质量的要求越高，织出的织物越光洁细腻、质量越好。纱线的细度影响织物的结构、外观和服用性能，如织物的光泽、纹路、厚度、硬挺度、覆盖性和耐磨性等。不同粗细的纱线，对原料、加工设备和工艺等要求不同，成本和用途也均不同。

一、纱线的细度指标

表征纱线细度的指标有线密度 Tt、纤度 N_d、公制支数 N_m、英制支数 N_e。线密度和纤度是定长制表示方法，数值越大，表示纱线越粗；公制支数和英制支数是定重制表示方法，数值越大，表示纱线越细。

1. 线密度 Tt

目前国际法定计量单位，在国内俗称"号数"。线密度在棉型纱线上应用非常普遍。其定义是1000m长纱线在公定回潮率下的重量克数，单位是特克斯，符号为tex，计算公式为：

$$Tt = \frac{G}{L} \times 1000$$

式中：Tt——纱线的线密度，tex；

　　　 L——试验纱线的长度，m；

　　　 G——纱线在公定回潮率时的重量，g。

对单纱而言，特数可写成如"18tex"的形式，表示纱线1000m长时，其重量为18g。股线的特数等于单纱特数乘以股数，如18tex×2表示两根细度为18tex的单纱合股，其合股细度为36tex。当组成股线的单纱特数不同时，则股线特数为各单纱特数之和，如18tex＋15tex，合股后股线的特数为33tex。

2. 纤度 N_d

纤度是指在公定回潮率下，9000m纱线所具有的重量克数，单位是旦尼尔（denier），简称旦（D），故又称旦数。常用来表示化纤长丝、真丝等的粗细。计算公式为：

$$N_d = \frac{G}{L} \times 9000$$

式中：N_d——纱线的纤度，旦；

　　　 L——试验纱线的长度，m；

　　　 G——纱线在公定回潮率时的重量，g。

复合丝和股线的纤度表示方法是：将单丝数和股数写到前面。如两股70旦的长丝线，其纤度表示方法为：2/70旦。如先由两根150旦的长丝合股成线，再将三根这样的股线复捻而成的复合股线，其纤度表示方法为：3×2×150旦。

3. 公制支数 N_m

公制支数是指在公定回潮率时，1克重的纱线所具有的长度米数，单位为公支。其计算公式为：

$$N_m = \frac{L}{G}$$

式中：N_m——纱线的公制支数，公支；

　　　 L——试验纱线的长度，m；

　　　 G——纱线在公定回潮率时的重量，g。

公制支数可表示成"20公支、40公支"的形式，意为1g重的纱线具有20m长或40m长。股线的公制支数，以组成股线的单纱的公制支数除以股数来表示，如26/2公支表示单纱为26公支的两合股股线。如果组成股线的单纱的支数不同，其表示方法如$\frac{1}{21} + \frac{1}{42}$，表示公制支数为21和42的两根单纱组成的股线，股线的公制支数可计算得到：$N_m = 1/(1/N_1 + 1/N_2 + \cdots + 1/N_n) = 1/(1/21 + 1/42) = 14$公支。

在我国，棉、麻纤维和毛纱、毛型化学纤维纯纺、混纺纱线以及绢纺纱线和苎麻纱线的粗细可采用公制支数来表示。

4. 英制支数 N_e

在公定回潮率下，1 磅重纱线长度的 840 码的倍数，也就是说 1 磅重纱线正好 840 码（毛纱为 560 码）长（1 码 = 0.9144m），为 1 英支纱，1 磅重纱线长度为 21 × 840 码长，纱线的细度为 21 英支，写为 21S。英制支数的计算公式为：

$$N_e = \frac{L}{840 \times G}$$

式中：N_e——纱线的英制支数，英支；

L——试验纱线的长度，m；

G——纱线在公定回潮率时的重量，磅。

英制支数是定重制，因此支数越大纱线越细。英制支数不是国际单位制的纱线细度指标，但在企业中仍然被广泛的使用，尤其是棉纺织行业。

5. 各细度指标之间的换算

纱线的各种细度指标之间的换算如下。

（1）特克斯与公支的换算公式：

$$1 \text{tex} = 1000/\text{公支}$$

（2）特克斯与旦的换算公式为：

$$1 \text{tex} = 9 \text{ 旦}$$

（3）英支与特克斯的换算公式：

$$1 \text{tex} = C/\text{英支}$$

式中，C 为常数，对于不同原料组成的纱线，此常数有所不同。常见纱线品种的常数 C 见表 3 – 1。

表 3 – 1　换算常数 C

纱线种类	换算常数 C	纱线种类	换算常数 C
棉	583	维/棉	587
纯化纤	590.5	腈/棉	587
涤/棉	588	丙/棉	587

各细度指标的比较见表 3 – 2。

表 3 – 2　细度指标的比较

线密度 （tex）	纤度 （旦）	棉纱英制支数 （英支）	精梳毛纱英制 支数（英支）	公制支数 （公支）
1	9	583	890	1000
5	45	116.6	178	200

续表

线密度 （tex）	纤度 （旦）	棉纱英制支数 （英支）	精梳毛纱英制 支数（英支）	公制支数 （公支）
7	63	83.3	127.1	142.8
10	90	58.3	89	100
15	135	38.9	59.3	66.7
20	180	29.2	44.5	50
40	360	14.6	22.3	25
80	720	7.3	11.1	12.5
100	900	5.8	8.9	10
200	1800	2.9	4.4	5
500	4500	1.2	1.8	2

6. 纱线的线密度偏差

纱线的线密度偏差是指纱线的实际线密度与所要求的线密度或设计线密度之间的偏离程度。

纱线的线密度偏差是评定纱线质量的重要指标之一，它影响着纱线的原料消耗和织品的质量、厚度及坚牢度等。若实际纱线比设计的纱线细，所织成的织物势必偏薄、偏轻，坚牢度较差，但是也并不是超过设计线密度就好，还应视具体的产品要求等情况而定。通常各种纱线的质量标准中都明确规定了其线密度偏差的允许范围。

用特克斯或特数表示纱线的粗细时，线密度偏差的数学含义是实际线密度与设计线密度的差值与设计线密度之比，可以证明此时的线密度偏差等于纱线的重量偏差率，所以，线密度偏差也被称之为"重量偏差"，其计算公式为：

$$重量偏差率\ G = \frac{实际线密度 - 设计线密度}{设计线密度} \times 100\% = \frac{实际干燥重量 - 设计干燥重量}{设计干燥重量} \times 100\%$$

若重量偏差为正值，说明实际纺出的纱线比设计要求的纱线粗；反之，重量偏差为负时，纺出的纱线比设计要求的纱线细。

7. 纱线的体积质量与直径

不同种类的纱线，不能直接用公制支数、英制支数、特克斯、旦尼尔来比较其表观直径的粗细，因为纱线的体积质量不同。对于相同线密度的纱线，体积质量越小，纱线的实际直径越大。纱线直径是进行织物设计、制订织造工艺参数的重要依据，可以利用显微镜进行测量。在实际生产中，纱线直径通常由其特数或支数等指标换算而得，换算时使用纱线的体积质量。

将纱线看作一近似圆柱体，设 D 为纱线的直径，mm；Tt 为纱线的线密度，tex；δ 为纱线的体积质量，g/cm^3。则可以推导出以下公式：

$$D = \sqrt{\frac{4}{10^3 \pi} \cdot \frac{\text{Tt}}{\delta}} = 0.03568 \times \sqrt{\frac{\text{Tt}}{\delta}}$$

常见纱线的体积质量见表 3 - 3。纱线的捻度越高，体积质量越高；纱线中纤维的卷曲越大，或中空越大，体积质量越低。由线密度计算纱线的直径要比直接测量纱线的直径更简便。

表 3 - 3　纱线的体积质量

纱线种类	体积质量 δ（g/cm³）	纱线种类	体积质量 δ（g/cm³）
棉纱	0.78 ~ 0.90	生丝	0.90 ~ 0.95
精梳毛纱	0.75 ~ 0.81	黏胶纤维纱	0.80 ~ 0.90
粗梳毛纱	0.65 ~ 0.72	涤/棉纱（65/35）	0.80 ~ 0.95
亚麻纱	0.90 ~ 1.00	维/棉纱（50/50）	0.74 ~ 0.76
绢纺纱	0.73 ~ 0.78		

二、纱线的细度均匀度

纺织服装用纱线不仅要求具有一定的线密度，还要求保持良好的细度均匀度。沿纱线长度方向的粗细不匀不仅直接影响织物的外观均匀性、耐用性等，而且纱线极细处捻度集中、强度下降，会给后道工序的加工带来很多困难，如络筒、织造中断头和停台增加。因此，纱线的细度均匀度是评定纱线质量的重要指标。

纱线的细度不匀指沿长度方向的各个截面面积或直径的粗细不匀，也指各个截面内纤维根数的变化或单位长度纱线重量的变化。

1. 纱线细度不匀率的指标

（1）平均差 d 与平均差系数 U。

$$d = \frac{\sum_{i=1}^{n} |x_i - \bar{x}|}{N}$$

$$U = \frac{d}{\bar{x}} \times 100\% = \frac{\sum_{i=1}^{n} |x_i - \bar{x}|}{N \times \bar{x}}$$

式中：$\bar{x}$——总平均值；

x_i——小于平均数的各次试验的平均数；

N——试验总次数；

n——小于平均数的试验次数。

（2）变异系数。又称离散系数，指均方差对平均值的百分比。

$$均方差\ \sigma = \sqrt{\frac{\sum_{i=1}^{n} (x_i - \bar{x})^2}{N}}$$

$$变异系数\ CV = \frac{\sigma}{\bar{x}} \times 100\%$$

（3）极差与极差系数。

$$极差\ R = x_{max} - x_{min}$$

$$极差系\ m = \frac{R}{\bar{x}} \times 100\%$$

式中：x_{max}、x_{min}——测试数据中的最大值和最小值。

极差法和平均数法计算最简单，平均差系数次之，变异系数计算较复杂，但变异系数统计意义更明显，反映纱线线密度不匀更准确、更客观。变异系数不仅能反映片段间的不匀，也能反映片段内不匀。

2. 纱线不匀的测试方法

（1）测长称重法。也称为切断称重法，即在纱线上随机切取长度为 L 的 N 段纱线，称取各段纱线的质量 x_1，x_2，x_3，…，x_n，用上述变异系数的公式计算纱线的不匀。不同的纱线切取的片段长度不同：棉条5m、粗纱10m、细纱100m、精梳毛纱50m、粗梳毛纱20m、生丝450m。

该方法简单、正确性高，但测短片段时，要切取的数量很多，切割和称重的工作量较大，且不能比较不同片段长度的不匀率。

（2）目光检测法和黑板条干均匀度。传统习惯用黑板条干均匀度评价细纱的直径不匀。使用的仪器为摇黑板机，如图3-5所示。具体的测试步骤是：先将白色纱线按照规定的排列密度均匀地绕在黑板上（彩色纱线一般用白板），通常黑板的尺寸为22cm×25cm，绕纱约80圈，然后在规定的光照和距离下与标准样照或者实物对比，确定出该纱的均匀度级别，如图3-6所示。

图3-5 摇黑板机

这种方法实际上是检验细纱的表观直径或者投影均匀度，可直观地反映出细纱的短片段的表观粗细不匀，与布面情况直接对应，简便易行。由黑板反映出的长粗节和棉结分别如图3-7和3-8所示。但是运用此方法测试纱线的细度不匀时，评定结果与检验人员的技术水

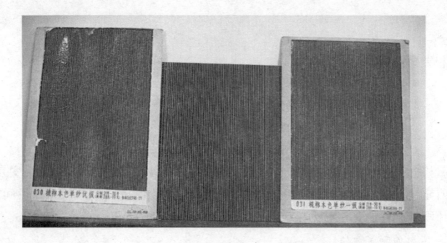

图3-6 黑板

平和经验密切相关，容易受主观随机因素的影响。在条干均匀度仪普及以前，这种方法是评价纱线片段不匀的唯一方法，现在该方法与条干均匀度仪并用，目前大部分企业都使用条干均匀度仪。

图3-7 长粗节

图3-8 棉结

（3）乌斯特条干均匀度仪（USTER tester）。目前，纱线品质检验中最常采用的测试纱线条干均匀度的仪器是乌斯特条干均匀度仪，此仪器可用于检测细纱、粗纱、条子、化纤长丝等的条干均匀度。

乌斯特条干均匀度仪是利用非电量转换原理对纱条均匀度进行测定，在此仪器的电路中，可将电容器极板间的电容量变化转换为电流变化，然后带动记录笔运动，当记录纸按一定速度送出时，则可得纱条的细度不匀曲线，如图 3 - 9 所示。图 3 - 9 中，横坐标为纱条片段长度，纵坐标为纱条单位长度重量或线密度，根据此曲线可求得表示纱条细度不匀的指标——平均差系数 U 或变异系数 CV。

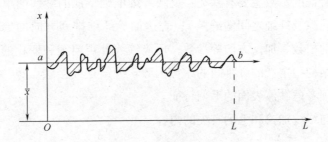

图 3 - 9　细度不匀曲线

纱条通过乌斯特条干均匀度仪测试，不仅可获得 U 或 CV 指标，而且可在纱疵仪上获得细节数、粗节数和棉结数等指标。在波谱仪上可获得波谱图。波谱图的横坐标为纱条细度不匀的波长，为使全部波长能记录在一张图上，横坐标采用对数标尺，而波谱图的纵坐标为纱条细度不匀的相对振幅，它是波长的函数。

波谱图可以帮助分析造成纱条不匀的工艺原因，如其设备不良、牵伸配置不合理以及机械部件缺陷所造成的不匀等。造成纱线不匀的原因有两个方面：一是纤维本身在纱中的随机分布产生的不匀，称为随机不匀；二是纺纱过程中工艺及机械因素附加的不匀，称为附加不匀。附加不匀主要包括牵伸机件不良造成的牵伸波不匀，即由牵伸罗拉引起的纱条厚度的波状变化；传动机构不良造成的周期性不匀，不匀的波长与波幅大小不变，周期性地出现于纱条上的一种不匀（非常有害），属于机械上的问题。细度不匀的波谱图如图 3 - 10 所示，图中曲线 D 表示理想条件下纱条的波谱图，曲线 C 表示正常条件下纱条的波谱图，B 为"山包"，表示牵伸波不匀，A 为"烟囱"，表示机械波周期不匀。

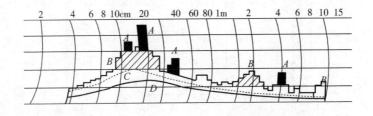

图 3 - 10　细度不匀的波谱图

第三节 纱线的结构特征

纱线的结构是决定纱线内在性质和外观特征的主要因素，纱线的结构不仅取决于组成纱线的纤维的性能，也取决于纱线成形加工的方式。

纤维种类及其成纱方式使纱线在结构上存在很大的差异，如纱线结构的松紧程度及均匀性、纤维在纱线中的排列形式、加捻在纱线的轴向和径向的均匀性、纱线的毛羽及外观形状等。

描述纱线结构特征的参数主要有六类：反映纤维堆砌特征的纱线的单位体积密度（包括纤维内部的空腔、孔隙及纤维之间的缝隙）；表达加捻纤维排列方向的捻回角；反应多股加捻和多重复捻纱线的根数、加捻方向等参数；反应纱线外观粗细和变化的线密度和线密度变异系数；表达纱线结构稳定性的纤维间的摩擦因数、缠结点或接触点数、作用片段或滑移长度等；短纤纱还必须考虑纱体表面的毛羽特征。

本节主要介绍与纱线加捻和毛羽有关的内容。

一、纱线的加捻

加捻作用是影响纱线结构与性能的重要因素，加捻对纱线的力学性能、外观、织物手感、光泽、服装的形态风格等均有很大的影响。尤其加捻对短纤维纱线的形成起着决定性的作用。

1. 加捻的定义

将纤维束须条、纱、连续长丝束等纤维材料绕其轴线的扭转、搓动或缠绕的过程称为加捻（twist）。加捻是使纱线具有一定强伸性和稳定外观形态的必要手段。对短纤维纱来说尤为重要，因为加捻可使纤维间产生正压力，从而产生切向的摩擦阻力，使纱条受力时纤维不致滑脱，从而具有一定的强力。对于长丝束和股线，加捻可以使其形成不易被横向外力所破坏的紧密稳定结构。

纱条加捻时外层纤维的变形如图 3 – 11 所示。图中的 β 为捻回角，是加捻后纱线外层纤维与纱线轴向所构成的倾斜角，捻回角 β 越大，则表明纱线加捻的程度越大，但由于其测量、计算等都很不方便，因此实际应用中很少采用。

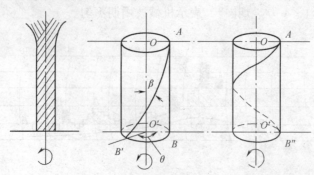

图 3 – 11　纱条加捻时外层纤维的变形

2. 加捻指标

纱线的加捻程度和捻向是纱线加捻的两方面重要特征。

（1）捻度和捻系数。捻度是指单位长度纱线上的捻回数，特数制捻度的单位长度为 10cm，公制捻度的单位长度为 1m，英制捻度的单位长度为 1 英寸。

当纱线粗细相同时，捻回数越多，则加捻程度越大，如图 3 – 12（a）所示。当纱线粗细不同时，单位长度上施加一个捻回所需的扭矩是不同的，纱的表层纤维对于纱轴线的倾斜角（β）也不同。因此，相同捻度对于纱线性质的影响程度也不同。对于不同粗细的纱线，即使具有相同的捻度，其加捻程度也并不相同，没有可比性，如图 3 – 12（b）所示，即捻度相同时，粗的纱加捻程度大，细的纱加捻程度小。可见，捻度不能直接用来衡量不同特数纱线的加捻程度。

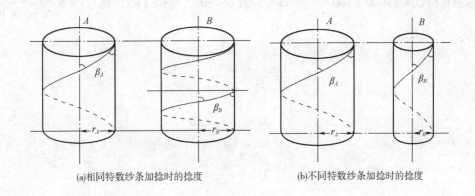

(a)相同特数纱条加捻时的捻度　　　　　　(b)不同特数纱条加捻时的捻度

图 3 – 12　纱条的特数与加捻

为此，定义一个指标——捻系数，其计算及推导如下：

如图 3 – 13 所示，把半径为 r、具有一个捻回的纱条圆柱体展开，设此段纱条上的捻度为 T_t（捻/10cm），则纱条的捻回角可表示为：

$$\text{tg}\beta = \frac{2\pi r}{h}$$

式中：h 为捻回螺旋线的螺距，有 $h = \dfrac{10}{T_t}$，代入上式得：

$$\text{tg}\beta = \frac{2\pi r T_t}{10} \tag{1}$$

则式（1）表示捻回角与纱条捻度以及纱条直径间的关系。如果纱条特数相同，即半径 r 不变，则捻回角随捻度的改变而改变；如果纱条捻度相同，则捻回角又随纱条特数的改变而改变。因此，捻回角既可反映相同特数纱条的加捻程度，又可反映不同特数纱条的加捻程度。但由于纱条半径不易测量，捻回角的运算又较烦琐，因此在实用上又将其转化为与捻回角具有同等物理意义的另一个参数，即捻系数。

设：纱条的长度为 L（m），重量为 G（g），半径为 r（m），密度为 δ（g/m³）。

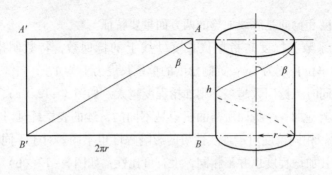

图 3 - 13　圆柱螺旋线的展开

纱条的特数 $Tt = 1000 \times 100 \dfrac{G}{L}$（g/cm）。因 $G = \pi r^2 \cdot L \cdot \delta$（g），则有：$r = \sqrt{\dfrac{Tt}{\pi\delta \times 10^5}}$，以此代入式（1），得：

$$Tt = \frac{\tan\beta \sqrt{\delta \times 10^7}}{2\sqrt{\pi}} \times \frac{1}{\sqrt{Tt}}$$

令

$$\alpha_t = \frac{\tan\beta \sqrt{\delta \times 10^7}}{2\sqrt{\pi}}$$

则：

$$Tt = \frac{\alpha_t}{\sqrt{Tt}}$$

其中 α_t 称为捻系数。因 δ 可视作常量，由式（3 - 2）知，捻系数 α_t 只随 $\text{tg}\beta$ 的增减而增减。因此，采用 α_t 度量纱条的加捻程度和用捻回角 β 具有同等的意义，而且运算简便，特数也容易直接测量。

当采用公制或英制细度时，同样可以导出捻度公式如下：

$$T_m = \alpha_m \sqrt{N_m} \text{ 和 } T_e = \alpha_e \sqrt{N_e}$$

式中，T_m 和 T_e 分别表示公制捻度（捻/m）和英制捻度（捻/英寸），α_m 和 α_e 分别表示公制捻系数和英制捻系数，N_m 和 N_e 分别表示公制支数和英制支数。

（2）捻度矢量。捻度是一个矢量，它既有大小又有方向，它的大小用单位长度上的捻回数表示，方向则由回转角位移的方向（螺旋线的方向）来决定。纱条回转方向可分为顺时针或逆时针。生产上常用螺旋倾斜的方向来确定纱条捻向是 Z 捻（正手捻）还是 S 捻（反手捻），如图 3 - 14 所示。

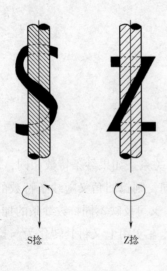

图 3 - 14　纱条捻向

3. 加捻对纱线性能的影响

加捻会对纱线的力学性能、外观、手感等方面产生很大的影响。

（1）加捻对纱线光泽的影响。短纤纱无捻时，无光泽，随着捻度的增加，光泽增加，当捻度达到一定值（临界点）时，光泽达最大值，当捻度继续增加时，随捻度的继续增加光泽将减弱，如图 3 - 15 所示。长丝纱不加捻时的光泽最亮，随捻度的增加光泽将减弱。

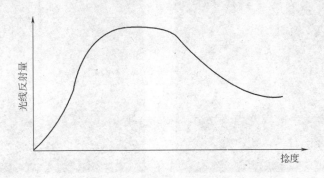

图 3 - 15　短纤纱捻度与光泽的关系

（2）捻度对起毛起球性能的影响。短纤维纱捻度越大，则表面越光洁，起毛起球性越小。对于起绒面料，捻度要小，以便于起绒，并使织物柔软、蓬松。

（3）捻度对纱线强力的影响。纱线捻度越大，纤维间的抱合越紧密，强力也随之增大，但捻度超过临界值强力反而下降。

（4）加捻对纱线直径和长度的影响。纱线的直径起初随着捻度的增加而减小，当捻度超过一定的范围后，纱线的直径一般变化很小，有时甚至会出现纱线直径随着捻度的增加而增加的现象。由于在加捻后，纱线中的纤维从平行于纱线轴线而逐渐转绕成一定角度的螺旋线，如图 3 - 11 所示，从而使得纱线的长度相应缩短。纱线因加捻而引起的长度缩短的现象称为捻缩。

（5）加捻对其他方面的影响。捻度大，则手感偏硬、蓬松度小、透爽、凉快。因此，滑爽感强的织物中纱线的捻度要大，如乔其纱等夏季薄型织物；捻度小，则纤维之间的抱合小，纱线疏松，手感柔软、蓬松，吸湿好，保暖性好，因此弱捻纱常用于蓬松、柔软的织物，宜做冬季保暖服装，仿毛面料也应采用低捻纱增强其毛型感。

二、纱线的毛羽

毛羽是指纱线表面露出的纤维头端或纤维圈，如图 3 - 16 所示。

毛羽分布在纱线圆柱体的 360°的各个方向，毛羽的长短和形态比较复杂，因纤维特性、纺纱方法、纺纱工艺参数、捻度、纱线的粗细等不同而不同。毛羽的作用有正负两方面：对于缝纫线、精梳棉型织物、精梳毛型织物，毛羽越少越好，否则对此类纱线和织物的外观、手感、光泽等不利；而对于起绒织物、绒面织物等，一般纱线表面的毛羽还不够，需要通过缩绒、拉毛等手段增加毛羽。毛羽对织造工艺的负面影响较大，毛羽多时织机容易开口不清，

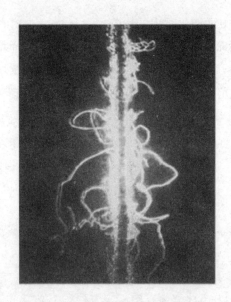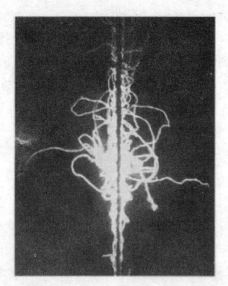

图 3－16　纱线表面的毛羽

从而产生断头、停机等问题。纱线毛羽的多少和分布是否均匀，对布面的质量和织物的染色印花质量都有很大的影响，而且还导致织物在服用过程中产生起毛起球的问题。因此，纱线的毛羽指标已成为当前纱线质量考核的重要指标。

常用"毛羽指数"来表征纱线的毛羽量。"毛羽指数"是指每米长度纱线上的毛羽纤维的根数，实际是指单位长度的纱线单侧，毛羽的长度超过某一定值的毛羽的根数。由于纱线毛羽随机不匀，通常用毛羽指数平均值和毛羽指数 CV 值来联合表征毛羽量。常见的毛羽指数与毛羽长度之间的关系如图 3－17 所示。一般将 3mm 及以上的毛羽称为有害毛羽。

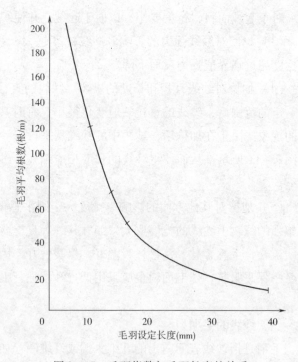

图 3－17　毛羽指数与毛羽长度的关系

第四节 纱线品质对纺织服装材料外观和性能的影响

纱线是形成纺织服装材料的重要
环节，其结构和品质会影响纺织服装材料的外观和性能，进而影响服装的外观、舒适性、耐用性和保型性等。

一、对外观的影响

纱线的结构特征影响纺织服装材料的外观和表面特征。纱线的捻度和其所用的纤维的长度，会影响织物的光泽。长丝纱表面光滑、发亮、均匀；短纤维纱表面毛羽较多，它对光线的反射随捻度的大小而异，如图3-15所示。精梳棉纱在无捻时，因光线从各根纤维的表面反射，则纱的表面显得较暗、无光泽；而当精梳棉纱的捻度达到一定值时，光线从比较光滑的表面反射，反射量达到了最大值。一般来说，强捻纱捻度越大，纱线表面的颗粒越细微，反光也随之减弱；而弱捻纱表面的颗粒较大，能产生一种特殊的外观效果。

纱线的捻向也影响织物的光泽。平纹织物中，经纬纱捻向不同，织物表面反光一致、光泽较好；华达呢等斜纹织物中，当经纱采用S捻、纬纱采用Z捻时，经纬纱的捻向与斜纹的方向相垂直，因而纹路清晰；当若干根S捻、Z捻纱线相间排列时，织物表面将产生隐条、隐格效应；当S捻、Z捻纱线捻合在一起时，或捻度大小不等的纱线捻合在一起构成织物时，表面呈现波纹效应。

当单纱的捻向与股线的捻向相同时，纱中纤维的倾斜程度大，则光泽较差、捻回不稳定，股线的结构不平衡，易产生扭

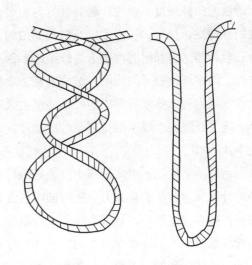

图3-18 捻向与捻回稳定

结；当单纱的捻向与股线的捻向相反时，股线柔软、光泽好、捻回稳定、股线的结构均匀平衡，如图3-18所示。多数织物中股线与单纱的捻向相反，一般单纱采用Z捻、股线采用S捻，这样形成的股线的结构均衡紧密，强度也较大。

二、对舒适性的影响

纱线的结构特征与织物的保暖性有一定的关系，因为纱线的结构决定了纱线的蓬松性，即纤维之间是否能形成静止空气层，而静止空气层对于纺织服装材料的保暖性有直接的影响。无风时，纱线内的静止空气层可以起到身体与大气之间的绝热层作用，有利于服装的保暖；

但有风时，空气可以顺利地通过松散的纱线之间的空气流动促进衣服和身体之间空气的交换，会有凉爽的感觉。因此蓬松的羊毛衫，在无风时可以作为外套，有风时可以穿在外套内，有很好的保暖作用。由此可见，捻度大的低特纱，其绝热性比蓬松的高特纱差，纱线的热传导性随纤维原料的特性和纱线结构状态的不同而不同。

纱线的结构和手感影响服装的手感及穿着性能。细度细、捻度高的精梳棉纱或亚麻纱，或者光滑的黏胶长丝织物，具有光亮耀目的外观、滑爽的手感，适合做夏装材料；蓬松的羊毛纱或变形纱手感丰满、有毛绒，适合做秋冬服装面料；表面光滑、无毛羽的长丝纱或细度细且捻度大的精梳纱可以用作表面光滑、便于穿脱的服装衬里。

纱线的吸湿性是影响服装舒适性的重要因素。纱线的吸湿性取决于纤维的特性和纱线的结构。长丝纱光滑，织成的织物易贴在身上，如果织物的质地也比较紧密，则身上的湿气就很难渗透通过织物，从而令人感到闷热、身上发黏而不舒服；短纤维纱因为纤维的毛羽伸出织物的表面，减少了织物与身体皮肤的接触，便于湿气的蒸发，可改善透气性，从而穿着舒适；合成纤维长丝经过变形纱处理后，可以改善其穿着舒适性。

三、对耐用性能的影响

纱线的拉伸强度、弹性和耐磨性等与服装的耐用性能密切相关。纱线的耐用性能取决于纤维的强伸性、长度、线密度以及纱线的结构等因素。

长丝纱的强力和耐磨性优于短纤维纱。因为长丝纱中纤维的长度相同，可以同时承受外力拉伸，纱中纤维的受力均衡、结构紧密，单根纤维不易断裂，所以长丝纱的拉伸强力较大，长丝纱的强力近似等于所组成的纤维的强力之和；短纤维纱的强度除了与本身纤维的强度有关外，还受纤维在纱线中的排列及纱线捻度的影响，一般短纤维纱的强度仅为单纤维强度之和的 $1/4 \sim 1/5$。

混纺纱的强度比其组成纤维中性能好的那种纤维的纯纺纱强度低，这是因为断裂伸长能力小的纤维分担较多的拉伸力，在拉伸中首先断裂，从而降低了混纺纱的断裂强度。而膨体纱的拉伸断裂强度较小，是因为纱线中两组分纤维的结构状态不同造成的，首先承受外力的轴向纤维根数较少、纤维受力不均匀，从而导致膨体纱的强度较低。

纱线的结构和性能也影响织物的弹性。当纱中的纤维可以移动，则表现为织物的弹性；反之，纤维被紧紧地固定在纱中，织物就比较板硬，其弹性仅由纤维的性质决定。

短纤维纱受外力拉伸时，纱中的纤维从卷曲状态被拉伸，一旦放松张力，又恢复至原来的卷曲状态，这就表现为纱的弹性，从而会影响织物的弹性。当纱的张力过大时，纤维在纱线中会发生滑脱，即便放松张力也回不到拉伸前的状态，纱线就失去了弹性。纱线在失去弹性前所能承受的拉力，与纤维性能和纱线结构有关。纱线捻度越大，纤维之间的摩擦力越大，不易被拉伸；反之，捻度越小，拉伸值增加但拉伸回复性降低，从而影响服装的保型性。

未经处理的化学纤维长丝纱的拉伸性仅由纤维原本的拉伸性能决定，因为此类型的纱中纤维一般不会卷曲，所以化学纤维长丝纱织物的尺寸比较稳定、延伸性较小。

长丝纱织物容易钩丝和起球。因为长丝纱中的单根纤维断裂后，松弛的一端仍附着在纱上，纤维就会卷曲或与其他纤维纠缠成球，加上纤维的强伸度较高，所以形成的小球不易脱落，会保留在织物的表面，影响服装的外观。

短纤维纱的捻度，明显地影响织物的耐用性。捻度太低，纱线容易松解、强度较低；捻度过大，纱中内应力增加，纱线的强力降低且纱线容易产生扭结，影响纱线的外观和强力。所以，中等捻度的短纤维纱织成的织物的耐用性最好。

四、对保型性能的影响

纱线的结构也影响服装的保型性能。结构松散、捻度较小的纱线的防沾污能力比强捻纱的差，织成的织物在洗涤过程中易受机械作用的影响而产生较大的收缩和变形。

纱的捻度小或经纬纱的密度不平衡时，在服装穿着和洗涤过程中也容易造成纱和缝线的滑脱以及织物的变形。

对热敏感的纱线，在洗涤和烘干等热处理过程中，因为纤维本身的弹性较小，在热处理时会发生明显的收缩。一些变形纱织成的织物，在穿着过程中，膝部和肘部等处易发生伸长变形。

☞ 思考题

1. 测得 65/35 涤/棉纱 30 绞（每绞长 100m）的总干重为 53.4g，求其特数、英制支数、公制支数和直径。（棉纱的回潮率 $W_k = 8.5\%$，涤纶纱的回潮率 $W_k = 0.4\%$，混纺纱的密度 $\delta = 0.88\text{g/cm}^3$）

2. 纱线细度不匀的测试方法有哪些？各有什么优缺点？

3. 表示纱线加捻程度的指标有哪些？各自的定义是什么？

4. 加捻对纱线和织物的性能有哪些影响？

5. 试分析纱线的毛羽对纱线和织物质量的影响。

6. 简述纱线品质对纺织服装材料外观和性能的影响。

第四章　纺织服装用织物

第一节　织物的基本概念及分类

一、织物的基本概念

织物是纺织纤维制品的主要单元，是由纺织纤维、纱线制成的具有一定的柔软性、力学性质和厚度的制品，又被称为布、面料等。

织物种类极其繁多，人类最早使用的织物是编结物、毛皮、纤维絮片物，随后出现了机织、针织物，以及毡制品和非织造布等。其形态、花色、形成方式、结构等各式各样。通常我们所讲的织物一般看作二维产品，如机织、针织、编结、非织造布。

1. 机织物

机织物最基本的是由互相垂直的一组经纱和一组纬纱在织机上按一定规律纵横交错织成的制品。其中与布边平行的纱线为经纱，垂直于布边的纱线为纬纱，如图4-1所示。机织物有时也可简称为织物。现代的多轴向加工，如三相织造、立体织造等，已打破机织物以前定义的限制。

2. 针织物

一般针织物是由一组或多组纱线在针织机上按一定规律彼此相互串套成圈连接而成的织物。线圈是针织物的基本结构单元，也是该织物区别于其他织物的标志。一般分为纬编针织物和经编针织物，其中由一组纱线相互串套形成横向线圈的称为纬编针织物，多组纱线相互串套形成纵列线圈的称为经编针织物，如图4-2所示。现代多轴垫或填纱，甚至多轴铺层技术，针织可能已变为只是一种绑定方式，人们亦统称为针织物。

3. 非织造布

非织造布是指由纤维、纱线或长丝，用机械、化学或物理的方法使之粘结或结合而成的薄片状或毡状的结构物，但不包含机织、针织、簇绒和传统的毡制、纸制产品，如图4-3所示。非织造布的主特征是直接纤维成网、固着成形的片状材料。

4. 编结物

编结物一般是以两组或两组以上的条状物，相互错位、卡位交织在一起的编织物，如席类、筐类等竹、藤织物，其典型特征已为机织物采纳。而一根或多根纱线相互穿套、扭辫、打结的编结，如渔网等，被针织采用。如图4-4所示。

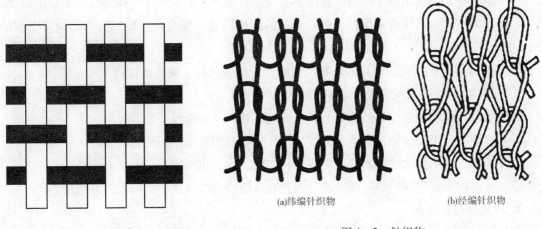

图4-1 机织物

(a)纬编针织物　　　　(b)经编针织物

图4-2 针织物

图4-3 非织造布

图4-4 编结物

目前，这四类织物中，应用最广泛的为机织物和针织物，应用增长最快的为非织造布，编结物应用较少。

二、织物的分类

1. 按使用原料分

（1）按纤维原料分，包括纯纺织物、混纺织物和交织织物。

①纯纺织物。纯纺织物是经纬纱均由同一种纤维纺制的纱线经过织造加工而成的织物。如纯棉、纯毛、纯麻、纯桑蚕丝以及各种纯化纤织物。例如，纯棉织物是经纬纱都是100%的棉纤维，简称棉织物，去掉"纯"字。

②混纺织物。混纺织物是经纬纱相同，均是由两种或两种以上的纤维混合纺制成的纱线经过织造加工而成的织物。一般混纺织物命名时，均要求注明混纺纤维的种类及各种纤维的含量。例如，经纬纱均用涤/棉（65/35）混纺纱织成的涤棉混纺织物，经纬纱均用毛/腈（70/30）混纺纱织成的毛腈混纺织物。

③交织织物。交织织物是用两种及以上不同原料的纱线或长丝分别作经纬纱织成的织物。例如，经纱采用棉纱、纬纱采用黏胶丝或真丝的线绨织物；棉与锦纶丝、低弹涤纶丝交织的针织物。

（2）按纱线的类别分，包括纱织物、线织物、半线织物、花式线织物、长丝织物。

①纱织物。纱织物是经纬纱均由单纱构成的织物。

②线织物。线织物是经纬纱均由股线构成的织物，又称全线织物。

③半线织物。半线织物是经纱是股线，纬纱是单纱织造加工而成的织物。

④花式线织物。花式线织物是采用各种花式线织成的机织物、针织物或编结物。

⑤长丝织物。长丝织物是采用天然丝或化纤丝织成的机织物、针织物或编结物。

2. 按纤维的长度分

织物按纤维的长度分，包括棉型织物、中长型织物、毛型织物和长丝织物。

（1）棉型织物是以棉型纤维为原料纺制的纱线织成的织物，如棉府绸、棉卡其等。

（2）中长型织物是以中长型化纤为原料，经棉纺工艺加工的纱线织成的织物，如涤黏中长华达呢织物。

（3）毛型织物是用毛、毛型纤维或纱线织成的织物，如纯毛华达呢、毛涤花呢织物等。

（4）长丝织物是用长丝织成的织物，如富春纺、锦纶绸等。

3. 按纺纱的工艺分

棉织物可分为精梳棉织物、粗梳（普梳）棉织物和废纺织物。

毛织物可分为精梳毛织物（精纺呢绒）和粗梳毛织物（粗纺呢绒）。

4. 按织物印染整理加工分

（1）按织前纱线漂染加工分，包括本色坯布、色织物。

①本色坯布。本色坯布是指以未经练漂、染色的纱线为原料，经过织造加工而成的不经整理的织物，织物保持了所有材料原有的色泽。本色坯布也称本白布、白布或白坯布。

②色织物。色织物是指以练漂、染色之后的纱线为原料，经过织造加工而成的织物。

（2）按织物的染色加工分，包括漂白织物、染色织物、印花织物。

①漂白织物。漂白织物是指坯布经过漂白加工的织物，也称漂白布。

②染色织物。染色织物是指整匹织物经过染色加工的织物，也称匹染织物、色布、染色布。

③印花织物。印花织物是指经过印花加工，表面印有花纹、图案的织物，也叫印花布、花布。

（3）按织物后整理分，包括仿旧、磨毛、丝光、模仿、折皱、功能整理等织物。

5. 按用途分

织物按用途分，包括服装用织物、家用装饰织物、产业用织物和特种用途织物。

（1）服装用织物包括各种制作服装的面料以及缝纫线、松紧带、里料、填充料的辅料，还包括内衣、袜子、鞋帽等制品。

（2）家用装饰织物包括床上用品、毛巾、窗帘、桌布、家具布、墙布、地毯七类。

（3）产业用织物包括传动带、帘子布、篷布、过滤布、筛网、绝缘布、土工布等。

（4）特种用织物包括医用布、降落伞、阻燃织物、宇航用布等。

第二节 织物的结构参数与基本组织

一、机织物的结构参数与基本组织

织物结构就是织物中经纬纱相互配置的构造情况。研究织物结构，除了研究经纬纱相互沉浮交错的规律，即织物组织以外，还须研究它们在织物中配置的空间形态。

经纬纱在织物中的空间形态称为织物的几何结构。决定织物结构的有三大要素：经纬纱线密度、经纬纱密度和织物组织。这三个要素决定着织物的紧密程度、织物厚度与重量，决定着织物中经纬纱的屈曲状态，也决定着织物的表面状态与花纹，决定着织物的性能与外观。

（一）机织物的结构参数

1. 织物规格

（1）匹长。一匹织物的长度，以"米"为计量单位。匹长的大小根据织物的原材料、用途、厚度、重量及卷装容量来确定，各类棉织物的匹长在 25～40m；毛织物的匹长，一般大匹为 60～70m，小匹为 30～40m。工厂中还常将几匹织物联成一段，称为"联匹"（一个卷装），一般在 120m 左右。

（2）幅宽。是指织物横向的最大尺寸，即织物沿纬向的最大宽度，单位为厘米。织物的幅宽根据织物的用途、织造加工过程中的收缩程度及加工条件等来确定。棉织物的幅宽分为中幅及宽幅两类，中幅为 81.5～106.5cm，宽幅为 127～167.5 cm。粗纺呢绒的幅宽一般为 143 cm、145 cm、150 cm，精纺呢绒的幅宽为 144 cm 或 150cm。新型织机的发展使幅宽也随之改变，宽幅织物越来越多。目前，家用和产业用宽幅织物幅宽在 3～8m 之间。

（3）厚度。指织物在一定压力下正反两面间的垂直距离，以"毫米"为计量单位。织物按厚度的不同可分为薄型、中厚型、厚型织物。厚度的主要因素为经纬纱线的线密度、织物组织和纱线在织物中的弯曲程度等。

（4）单位面积重量。织物的单位面积重量通常以每平方米织物所具有的克数来表示，也称为平方米重量。它与纱线的线密度和织物密度等因素有关，是织物的一项重要的规格指标，也是织物计算成本的重要依据。

棉织物的平方米重量通常以每平方米的退浆干重来表示，其重量范围一般在 70～250g/m^2。毛织物的单位面积重量则采用每平方米的公定重量来表示，精梳毛织物的平方米公定重量范围一般为 130～350g/m^2，轻薄面料的开发和流行使精梳毛织物的每平方米公定重量大多在 100g/m^2 左右，粗梳毛织物的平方米公定重量范围一般为 300～600g/m^2。

由于织物的平方米重量不同，可分为轻薄型织物、中厚型织物及厚重型织物三类。

2. 织物中纱线的线密度

织物中经、纬纱的线密度采用特数来表示。表示方法为：将经、纬纱的特数自左向右联

写成 $Tt_j \times Tt_w$，如 13×13 表示经纬纱都是 13 tex 的单纱。

织物中经纬纱线密度的选用取决于织物的用途与要求，应做到合理配置。织物的经纬纱一般有三种配置：即 $Tt_j = Tt_w$；$Tt_j < Tt_w$；$Tt_j > Tt_w$。经纬纱的线密度差异不宜过大，常采用经纱的线密度等于或略小于纬纱的线密度，这样既能降低成本，又能提高织物的产量。

3. 织物的密度

织物密度又指纱线的排列密度，指织物中经向或纬向单位长度内的纱线根数，一般采用 10cm 织物中的纱线根数来表示，用 M 表示，单位为根/10cm，有经纱排列密度和纬纱排列密度之分。经纱排列密度又称经密，是织物中沿纬向单位长度内的经纱根数。纬纱排列密度又称纬密，是织物中沿经向单位长度内的纬纱根数。

织物经纬密度以两个数字中间加"×"来表示，如 236×220 表示织物经密是 236 根/10cm，纬密是 220 根/10cm。表示织物经纬纱线密度和经纬密的方法为自左向右联写成，$Tt_j \times Tt_w \times M_j \times M_w$。

4. 织物紧度

织物紧度是指织物中纱线挤紧的程度，指纱线投影面积占织物面积的百分比，本质是纱线的覆盖率或覆盖系数，有经向紧度 E_j 和纬向紧度 E_w 和总紧度 E_z 之分，用单位长度织物内纱线直径之和所占百分率来表示。

紧度中既包括了经纬密度，也考虑了纱线直径的因素，因此可以比较不同粗细纱线织造的织物的紧密程度。$E < 100\%$，说明纱线间尚有空隙；$E = 100\%$，说明纱线刚刚挨靠；$E > 100\%$，说明纱线已经挤压、甚至重叠。E 值越大，纱线间挤压越严重。计算织物紧度的示意图如图 4-5 所示。

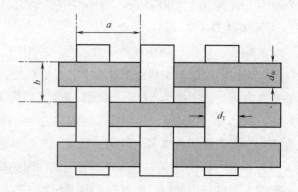

$$E_j = \frac{d_j}{a} \times 100\% = d_j \cdot P_j$$

图 4-5 计算织物紧度示意图

$$E_w = \frac{d_w}{b} \times 100\% = d_w \cdot P_w$$

$$E_z = \frac{经纱与纬纱所覆盖的面积}{织物的总面积} \times 100\%$$

$$= \frac{d_j \cdot b + d_w(a - d_j)}{ab} \times 100\%$$

$$= (E_j + E_w - E_j \cdot E_w) \times 100\%$$

式中：d_j、d_w——经、纬纱线直径，mm；

$\qquad E_j$、E_w——经、纬向的紧度，%；

$\qquad a$、b——两根经、纬纱间的平均中心距离，mm。

（二）机织物的基本组织

在织物中经纬纱相互浮沉交织的规律，称为织物组织。表示织物组织中经纬纱浮沉规律的图解叫组织图。组织图是用来描绘织物组织的方格，纵行表示经纱，次序为从左至右；横行表示纬纱，次序为自下而上。每根经纱与纬纱相交的小方格表示组织点。

1. 织物组织参数

（1）组织点（浮点）。把经纬纱线相交处称为组织点。

①经组织点（经浮点）。经纱浮在纬纱上，以■方格表示。

②纬组织点（纬浮点）。纬纱浮在经纱上，用□方格表示。

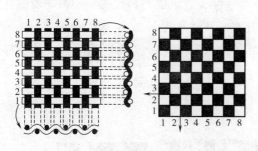

图4-6 平纹织物组织图与结构图

（2）组织循环（完全组织）。经组织点和纬组织点的浮沉交织规律达到循环时，称为一个组织循环，用 R 表示。

①经循环数。构成一个组织循环的经纱数，称为经循环数，用 R_j 表示。

②纬循环数。构成一个组织循环的纬纱数，称为纬循环数，用 R_w 表示。

如图4-6为平纹织物组织图，箭头表示一个组织循环，纱线循环数 $R_j = R_w = 2$。

（3）组织点飞数。在织物组织循环中，同一系统纱线中相邻两根纱线上相应的组织点之间间隔的纱线数，称为组织点飞数，用 S 表示。

①经向飞数。沿经纱方向数的飞数，称为经向飞数，用 S_j 表示。（沿经纱方向数的相邻两根经纱上相应两个组织点间相距的组织点数，称为经向飞数）。从前一根经纱向后一根经纱数。

②纬向飞数。沿纬纱方向数的飞数，称为纬向飞数，用 S_w 表示。（沿纬纱方向数的相邻两根纬纱上相应两个组织点间相距的组织点数，称为纬向飞数）。从前一根纬纱向后一根纬纱数。

飞数是一个向量。经向飞数向上为正（+），向下为负（-）；纬向飞数向右为正（+），向左为负（-）。如图4-7所示，组织点 B 相应组织点 A 的飞数是 $S_j = 3$，组织点 C 相应组织点 A 的飞数是 $S_w = 2$。经面组织时，采用经向飞数；纬面组织时，采用纬向飞数。

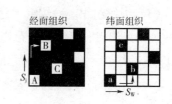

图4-7 组织点飞数

（4）种类。织物组织中，经组织点多于纬组织点的，称为经面组织；织物组织中，纬组织点多于经组织点的，称为纬面组织；织物组织中，经组织点等于纬组织点的，称为同面组织。

2. 原组织

在一个组织循环中每根经纱或纬纱上，只有一个经（纬）组织点，其他均为纬（经）组织点；经纱和纬纱循环数相等（$R_j = R_w$）；组织点飞数为常数。

原组织又称三原组织，包括平纹组织、斜纹组织和缎纹组织。

（1）平纹组织。平纹组织是最简单的织物组织，其纱线循环数为 $R_j = R_w = 2$；飞数为 $S_j = S_w = 1$。经组织点和纬组织点的数目相同，为同面组织。

平纹组织可用分式 $\frac{1}{1}$ 表示（一上一下平纹组织），分子为每根纱线上的经组织点数，分母为纬组织点数。

平纹组织织物的特点：平纹组织是所有织物组织中交织点最多的组织，布面平整挺括，断裂强度大，耐磨性较好。平纹织物手感较硬，花纹单调，光泽略显暗淡。

（2）斜纹组织。斜纹组织织物表面有经纱或纬纱浮长线组成的斜纹线，使织物表面有沿斜线方向形成的凸起的纹路，斜纹的方向有左有右。其纱线循环数 $R_j = R_w \geqslant 3$；飞数 $S_j = S_w = \pm 1$。在一个组织循环内，任何一根经纱或纬纱上仅有一个经（纬）组织点，其余都是纬（经）组织点。

斜纹组织也可用分式表示，与平纹相似，如图4-8所示。

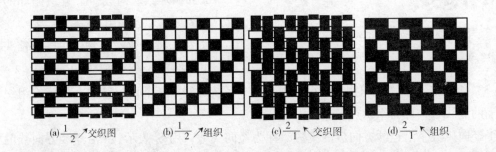

(a) $\frac{1}{2}\nearrow$ 交织图　　(b) $\frac{1}{2}\nearrow$ 组织　　(c) $\frac{2}{1}\nwarrow$ 交织图　　(d) $\frac{2}{1}\nwarrow$ 组织

图4-8　斜纹织物组织图

斜纹组织织物的特点：织物有正反面的区别；经纬纱线的交错次数少于平纹，所以织物的手感比较柔软，光泽和弹性较好，且在同样密度和纱线特数的条件下，织物强力和挺括程度不如平纹织物，织物耐磨性因纱线和纤维能退让缓冲，较好。

（3）缎纹组织。缎纹组织是原组织中最复杂的一种组织，经纬纱线形成一些单独的、互不相连的组织点，组织点分布均匀。缎纹组织中纱线循环数 $R_j = R_w \geqslant 5$（6除外），组织点飞数 $1 < S < R - 1$，并且 S 和 R 之间不能有公约数。

缎纹组织的分式中分子表示缎纹组织的纱线循环数 R（读作枚数），分母表示组织点的飞数 S。例如，八枚三飞经面缎纹可以写成 $\frac{8}{3}$ 经缎，八枚五飞纬面缎纹可以写成 $\frac{8}{5}$ 纬缎，八枚缎纹组织图如图4-9所示。

缎纹组织织物的特点：正反面有明显的经纬浮长区别；织物外观平滑、光泽明亮；在基本组织中，缎纹组织交织点最少，织物手感相对最柔软，弹性好；且在同样密度和纱线特数的条件下，缎纹织物强力最低，易起毛起球和勾丝。

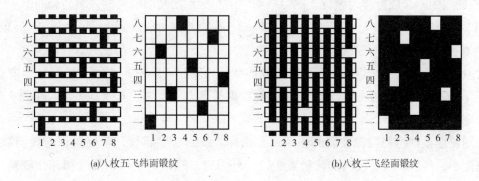

(a)八枚五飞纬面锻纹　　　　　(b)八枚三飞经面锻纹

图4-9　八枚缎纹组织图

二、针织物的结构参数与基本组织

（一）针织物的结构参数

1. 线圈结构

针织物的基本结构单元为线圈，线圈横向连续的是纬编针织物结构，如图4-10所示；线圈纵向连续的是经编针织物结构，如图4-11所示。

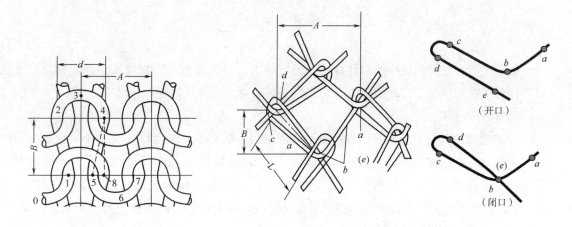

图4-10　纬编针织物线圈结构（反面）　　　图4-11　经编针织物线圈结构（正面）

（1）纬编针织物线圈结构。纬编针织物线圈由针编弧 l_1（2—3—4）、圈柱 l_2（1—2；4—5）、沉降弧 l_3（5—6—7）三部分组成。线圈间由沉降弧连接，圈柱覆盖于两圈弧上为纬编针织物的正面。图4-10是圈柱被两圈弧所覆盖为纬编针织物的反面。

（2）经编针织物线圈结构。经编针织物线圈由针编弧 l_{cd}，圈干 l_{bc}、l_{de} 和延展线 l_{ab} 三部分组成，即线段 $abcde$。由线圈的两个延展线在线圈基部是否交叉区分为开口线圈和闭口线圈。圈干和延展线覆盖针编弧的为正面。

无论是纬编针织物还是经编针织物，其线圈都是按照一定规律排列的，横向的线圈联结成列称为横列，两个线圈横向对应周期点之间的距离称为圈距，如图4-10和图4-11中的

A；纵向的线圈串套成行称为纵行，两个线圈纵向对应点之间的距离称为圈高，如图 4 – 10 和图 4 – 11 中的 B。

2. 线圈长度

针织物的线圈长度是指每一个完整线圈的纱线长度，一般用 L_0 表示。纬编针织物线圈长度 $L_0 = l_1 + 2l_2 + l_3$（图 4 – 10），经编针织物线圈长度 $L_0 = l_{cd} + (l_{bc} + l_{de}) + l_3$（图 4 – 11），单位为毫米（mm）。

线圈长度是针织物物理性能的一项重要指标。线圈长度越长，单位面积的线圈数越少，织物密度小；纱线单位长度内的接触点少，受外力时，织物易变形，强度和弹性较差；织物易起毛起球、钩丝、耐磨性差。

3. 针织物密度

针织物密度又指线圈的排列密度，是指织物单位长度内或单位面积内的线圈数，用以表示一定的线密度条件下针织物的稀密程度，有横向密度、纵向密度和总密度之分。

横向密度 P_A，简称横密，指沿线圈横列方向在 5cm 长度内的线圈纵行数，用式（1）表示。纵向密度 P_B，简称纵密，指沿线圈纵行方向在 5cm 长度内的线圈纵行横列数，用式（2）表示。总密度 P，又称面密度，指针织物在 $25cm^2$ 面积内的线圈总数，它等于横密和纵密的乘积，用式（3）表示。

$$P_A = 50/A \tag{1}$$

$$P_B = 50/B \tag{2}$$

$$P = P_A \times P_B \tag{3}$$

针织物的密度影响织物的物理性能，密度越大，排列紧密，织物厚实，保暖性好，透通性差；但织物结构稳定，织物强力、耐磨性、抗起球起毛性较好，织物结实耐磨。

4. 未充满系数

针织物的稀密程度受密度和纱线线密度两个因素的影响。密度仅仅反映了一定面积范围内线圈数目对织物稀密的影响。未充满系数反映出在相同密度条件下纱线线密度对织物稀密的影响，未充满系数 δ 为线圈长度 L_0（mm）与纱线直径 d（mm）的比值。L_0 值越大，d 值越小，δ 值就越大，表明织物中未被纱线充满的空间越大，织物越稀松。当线圈长度一定时，纱线越粗，即 d 值越大，δ 值就越小，织物越紧密。

（二）针织物基本组织

针织物基本组织有纬平组织、罗纹组织、双反面组织、编链组织、经平组织、经缎组织、重经组织。

1. 纬编针织物的基本组织

（1）纬平组织，纬平组织由连续单元成圈相互串套，一面完全是正面线圈，另一面完全是反面线圈的组织。线圈结构如图 4 – 12 所示。

（2）罗纹组织。罗纹组织系双面纬编针织物的基本组织。由正反面线圈纵行，以一定组合相间配置而形成的纬编组织。罗纹组织的种类很多，取决于正反面线圈纵行数不同的配置，通常用数字代表其正反面线圈纵行数的组合，如 1 + 1、2 + 2、5 + 3 罗纹等。如图 4 – 13 所示

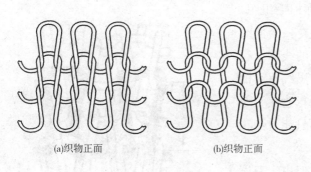

(a)织物正面　　　　　　(b)织物正面

图 4-12　纬平组织

为 1+1 罗纹。罗纹组织的正反面线圈不在同一平面上，因而沉降弧须由前到后，再由后到前地把正反面线圈相连，造成沉降弧较大地弯曲与扭转。由于纱线的弹性，沉降弧力图伸直，结果使以正反面线圈纵行相间配置的罗纹组织每一面上的线圈纵行相互毗连。即横向不拉伸，织物的两面只能看到正面线圈纵行；织物横向拉伸后，每一面都能看到正面线圈纵行与反面线圈纵行交替配置（图 4-13）。

罗纹组织因具有较好的横向弹性与延伸度，故适宜制作内衣、毛衫、袜品等的紧身收口部位，如领口、袖口、裤脚管口、下摆、袜口等。且由于罗纹组织顺编织方向不能沿边缘横列脱散，所以上述收口部位可直接织成光边，无须再缝边或拷边。

（3）双反面组织。双反面组织是由正面线圈横列和反面线圈横列相互交替配置而成的纬编组织（图 4-14）。在双反面组织中，由于纱线弹性，线圈在垂直于织物的方向上产生倾斜。

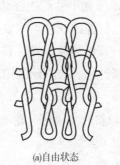

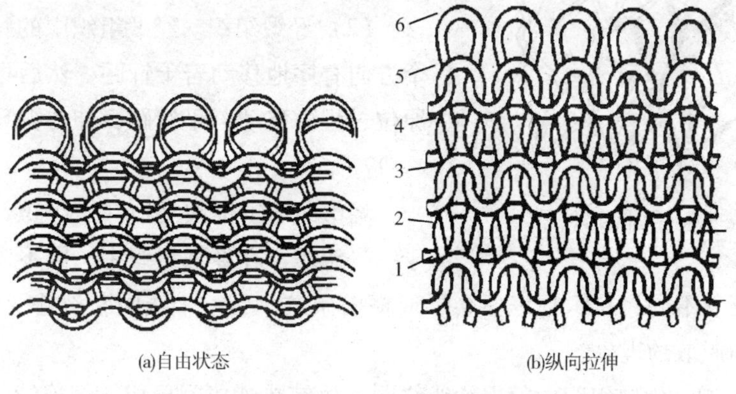

(a)自由状态　　　　(b)横向拉伸

图 4-13　1+1 罗纹

双反面组织纵向收缩，圈弧突出，织物两面均显反面线圈。双反面组织由于线圈的倾斜，织物的长度缩短，因而增加了织物的厚度及其纵向密度。织物纵向拉伸时具有很大的弹性和延伸性，从而使双反面组织具有纵、横向延伸性相近似的特点，且纵向弹性和延伸度较大。其织物适宜做羊毛衫、围巾和袜品。

(a)自由状态　　　　　　(b)纵向拉伸

图 4-14　双反面组织

（4）双罗纹组织。双罗纹组织俗称棉毛组织。它是由两个罗纹组织彼此复合而成，即在一个罗纹组织线圈纵行之间配置另一个罗纹组织的线圈纵行而成。图4-15为双罗纹组织的线圈，黑线罗纹的正面线圈纵行与白线罗纹的正面线圈纵行遮盖了对方的反面线圈纵行，因而织物的两面都只能看到正面线圈，所以也称为双正面织物。

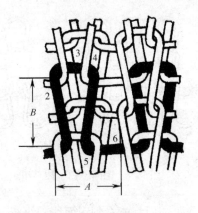

图4-15　双罗纹组织

双罗纹组织只能逆编织方向脱散，但由于双罗纹织物的每个横列由两个罗纹线圈复合而成，线圈间摩擦较大，故而脱散性小。双罗纹组织由于两组罗纹组织的卷边力彼此平衡，因此不会产生卷边现象。由于双罗纹组织是由两个拉伸的罗纹组织复合而成，因此在未充满系数和线圈纵行的配置与罗纹组织相同的条件下，其延伸性、弹性较罗纹组织为小。因为双罗纹组织的两层线圈之间有一定的间隙，因此保暖性好，被广泛的用作春秋衫、裤。

2. 经编针织物的基本组织

（1）经平组织。经纱在相邻的两枚针上轮流垫纱成圈并串套而成的经编组织，如图4-16所示。

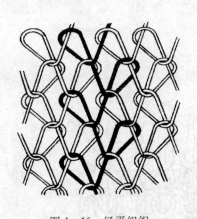

图4-16　经平组织

经平组织织物正反面都呈现菱形的网眼，由于线圈呈倾斜状态，织物纵、横向都具有一定的延伸性。经平组织织物当一个线圈断裂并受到横向拉伸时，由断纱处开始线圈沿纵行在逆编织方向相继脱散。其织物适宜作夏季T恤衫、衬衫和内衣。

（2）经缎组织。经缎组织中的每根纱线先以一个方向有序地移动若干针距，然后再顺序地在返回原位过程中移动若干针距，如此循环。其结构如图4-17所示。

经缎组织的线圈类似纬平组织，其性能也类似于纬平组织。在经缎组织中，因不同倾斜方向的线圈横列对光线反射不同，在织物表面会形成横向条纹。当一个线圈断裂并受到横向拉伸时，也有逆编织方向脱散的现象。

（3）编链组织。编链组织由每根纱线绕同一枚针垫纱成圈形成一根连续的线圈链，分为开口编链和闭口编链。结构如图4-18所示。

编链组织每根经纱单独形成一个线圈纵行，各线圈纵行之间没有联系。其结构紧密，纵向延伸性小，不易卷边。一般将其与其他组织复合提高织物的延伸性和稳定性，多用于外衣织物。

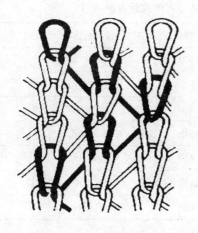

图 4 - 17 经缎组织

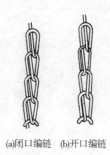

(a)闭口编链 (b)开口编链

图 4 - 18 编链组织

三、非织造布的结构参数

（一）非织造布的结构

1. 非织造布的主结构

非织造布的主结构是纤维网的结构，即纤维排列、集合的结构。非织造布的主结构取决于纤维聚集成网的方式，分为有序排列结构和无序排列结构。纤维网的排列形式如图 4 - 19 所示。

2. 非织造布的辅助结构

非织造布的辅助结构又称加固结构，是局部性附加结构，赋予纤维网稳定的结构和使用性能。典型的非织造布加固结构分为三大类。

（1）机械加固。机械加固又称缠结加固，是利用机械方法如针刺、水刺等，使纤维间缠结而达到固结的目的。

（2）化学黏合加固。化学黏合加固是将黏合剂通过浸渍、喷洒、印花等方法施加到纤维网中去，经热处理使水分蒸发、黏合剂固化的方法。

（3）热黏合加固。热黏合加固是利用高分子材料的热塑性，使纤维网受热后部分纤维软化熔融，纤维间产生粘连，冷却后使纤维保持粘连状态，纤维网得以加固。

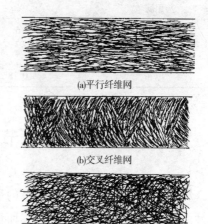

(a)平行纤维网

(b)交叉纤维网

(c)随机纤维网

图 4 - 19 纤维网的排列形式

（二）非织造布的结构参数

（1）平方米重量。平方米重量是每平方米织物所具有的克数，与机织物一样，是一项规格指标，单位为 g/m^2，常用非织造布的平方米重量范围见表 4 - 1。

表 4 – 1 常用非织造布的平方米重量（g/ m²）

产品类别	车用过滤材料	纺织滤尘材料	冷风机滤料	过滤毡
过滤类	140 ~ 160	350 ~ 400	100 ~ 150	800 ~ 1000
土工布	一般土工布	铁路基布	水利工程用布	油毡基布
	150 ~ 750	250 ~ 700	100 ~ 500	250 ~ 350
揩布类	揩尘布	揩地板布	医用揩布	汽车揩布
	40 ~ 100	100 ~ 180	15 ~ 35	80 ~ 120
絮片类	一般絮片	热熔絮棉	太空棉	无胶软棉
	100 ~ 600	200 ~ 400	80 ~ 260	60 ~ 100

（2）密度。非织造布的密度指质量与体积的比值，单位 g/cm³，密度影响材料的通透性和力学性能。

（3）厚度。厚度指在一定压力下织物两面的距离，厚度影响产品的性能和外观质量。常用非织造布的厚度范围见表 4 – 2。

表 4 – 2 常用非织造布的厚度

产品类别	厚度（mm）	产品类别	厚度（mm）
空气过滤	10、40、50	球革用	0.7
纺织滤尘	7 ~ 8	帽衬	0.18 ~ 0.3
药用滤毡	1.5	带用	1.5
帐篷、保温布	6	土工布	2 ~ 6
针布毡	3、4、5	鞋用	0.75
墙布	0.18	鞋衬里	0.7

第三节　织物的力学性能

织物在使用过程中，受力破坏的最基本形式是拉伸断裂、撕裂、顶破和磨损。织物的力学性能不仅关系到织物的耐用性，而且与织物的装饰美学性关系也很密切。

一、织物的拉伸性能

（一）拉伸性能的测定方法

（1）抓样法。抓样法是将一规定尺寸的织物试样的一部分宽度被夹头握持进行测试的方法，如图 4 – 20 所示。此方法目前已很少使用。

（2）扯边条样法。扯边条样法是将 6cm 宽，长为 30 ~ 33cm 的布条（机织物）扯去边纱成 5cm 宽的布条，全部夹入强力机的上下夹钳内的一种测试方法，如图 4 – 21 所示。与抓样法相比较，扯边条样法所测结果不匀率小，但准备试样较麻烦。

（3）切割条样法。对于部分针织物、缩绒织物、非织造布、涂层织物及不易拆边纱的织物采用切割条样法。将布样剪成规定宽度（5cm）的布条，全部夹入强力机的上下夹头内进行测试，如图4-22所示。需要注意的是，切割时应尽量与织物的经向或纬向纱线平行。

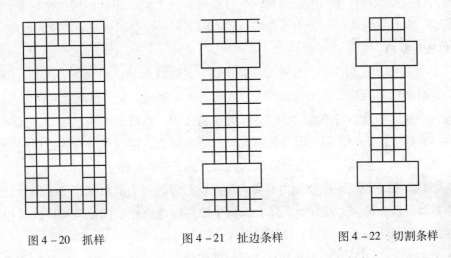

图4-20 抓样　　　　图4-21 扯边条样　　　　图4-22 切割条样

（4）梯形、环形条样法。针织物采用矩形条拉伸时，会在夹头附近出现明显的应力集中，横向收缩，造成试样多在夹头附近断裂，影响试验数据的正确性，采用梯形或环形试样可避免此类情况发生。梯形试样两端的梯形部分被夹头握持，如图4-23所示；环形试样虚线处为两端的缝合处，如图4-24所示。

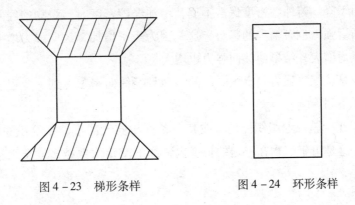

图4-23 梯形条样　　　　图4-24 环形条样

（二）拉伸性能采用的指标

（1）断裂强度和断裂伸长率。断裂强度是指单位宽度的织物受拉伸至断裂时所能承受的最大外力，通常采用的单位为N/5cm，即5cm宽度的织物的断裂强力。一般采用经纬向各5块试样的平均值来表征织物的断裂强度。

断裂伸长率是指织物拉伸到断裂时的伸长与原织物长度的比值，断裂伸长率越大，织物抗拉变形能力越好，其耐用性越好。

（2）织物拉伸曲线上的相关指标。对织物进行拉伸可以得到织物拉伸曲线，根据拉伸曲线可得到织物的断裂强力、断裂伸长、断裂功、初始模量等指标（详见第一章第六节纤维的力学性能）。

（三）影响织物拉伸性能的因素

1. 纤维原料

纤维的性质是织物性质的决定因素，当纤维强伸度大时，织物的强伸度一般也大。纤维的初始模量、弹性、卷曲、抱合力等影响纱线的因素同样也会影响织物的拉伸性能。

2. 纱线的影响

（1）纱线粗细。在织物组织和密度相同条件下，纱线越粗，织物强力越大。因为粗纱线强力大，同时粗的纱线织成的织物紧度大，纱线间的摩擦阻力大，提高了织物强力。

此外，纱线的细度不匀率高的纱线会降低织物强力。由股线织成的织物，其强度大于由同线密度单纱织成的织物，因为股线的强力大于单纱强力。同时单纱合并成股线使纱线的细度不匀、强度不匀、加捻不匀都有所降低，从而提高了织物的强力。

（2）纱线加捻。捻度对织物强力的影响与捻度对纱线强力的影响相似，但纱线捻度接近临界捻系数时，织物的强力已开始下降。织物中经纬纱捻向相反配置与相同配置相比较，前者织物拉伸断裂强力较低，而后者拉伸断裂强力较高。

（3）纱线结构。与转杯纱织物相比，环锭纱织物具有较高的强力，较低的伸长。线织物的强力高于相同粗细纱织物的强力，这是由于相同粗细时股线的强力高于单纱强力。

3. 织物的影响

（1）织物密度。若经密保持不变，随纬密增加，织物纬向强力增加，经向强力下降。这是因为纬密增加，经纱上机张力增大，在织造过程中经纱所受的摩擦次数增加，使经纱容易疲劳，经向强力下降。若纬纱密度保持不变，增加经纱密度时，织物的经向拉伸断裂强力增大，纬向拉伸断裂强力也有增大的趋势。这是因为经密增加，经向强力增大，经纬纱交织次数增加，摩擦阻力增大，结果使纬向强力也增大。

需要注意的是，织物强力是有极限值的，而且经纬向密度达到一定程度后再增加，反而对织物强力带来不利影响。

（2）织物组织。就三原组织而言，在其他条件相同情况下，平纹织物的强力大于斜纹，斜纹大于缎纹。这是由于织物在一定的长度内纱线的交错次数越多，交织越紧密，则织物的强力越大。

4. 后整理

树脂整理可以改善织物的力学性能，增加织物弹性、折皱回复性，减少变形，降低缩水率。但树脂整理后织物伸长能力明显降低，降低程度决定于树脂的浓度。

二、织物的顶破性能

衣物在穿着使用过程中，其肘部、膝部等部位会不断受到集中性负荷的顶、压作用而扩张直至破坏，这种破坏作用叫顶破，织物顶破也称顶裂。手套、袜子、鞋面用布在使用过程中也会受垂直作用力，因此此类衣物在服用过程中受到顶破的作用，若仅测试其拉伸断裂强力，并不能反映实际穿着的情况，而利用特定设备测试出的针织物在扩张至破裂时所承受的力，就是织物的顶破强力或胀破强力。顶破强力或胀破强力是考核织物质量的一个重要物理指标。

（一）顶破试验方法和指标

1. 试验方法

织物顶破试验常用的仪器是弹子式的电子织物顶破强力仪，它是利用钢球球面来顶破织物的。另外一种顶破试验仪为气压或油压式试验仪，它是用气体或油的压力通过胶膜鼓胀来胀破织物的，这种仪器用来试验降落伞、滤尘袋织物最为合适，而且试验结果稳定。

2. 主要指标

（1）顶破强力。弹子垂直作用于布面使织物顶起破裂的最大外力。

（2）顶破高度。从顶起开始至顶破时织物凸起的高度。

（二）影响织物顶破强力的因素

1. 纱线的断裂强力和断裂伸长

当织物中纱线的断裂强力大、伸长率大时，织物的顶破强力高，因为顶破的实质仍为织物中纱线产生伸长而断裂。

2. 织物厚度

在其他条件相同的情况下，当织物厚时，顶破强力大。

3. 机织物经纬两向的结构和纱线性质差异程度的影响

当经纬纱的断裂伸长率、织缩率和经纬密度相近时，经纬两系统纱线同时发挥分担负荷的最大作用，顶破强力较大。反之，差异大的，首先在伸长能力差的系统断裂，顶破强力偏低。

在其他条件相同时，织物的伸长率和织缩率越大，顶破时的顶破伸长大，织物各个方向上的张力在顶裂方向的有效分力也大，使织物的顶破强力提高。

当其他条件相同，但织物经纬密度不同时，织物顶裂时必沿密度小的方向撕裂，织物顶破强力偏低，裂口呈直线形。

4. 针织物中纱线的钩接强度

在针织物中，纱线的钩接强度大时，织物的顶破强力高。此外，针织物中纱线的细度、线圈密度也影响针织物的顶破强力。提高纱线线密度和线圈密度，顶破强力有所提高。

5. 非织造布中纤维强力

非织造布的纤维强度、纤维间固着点的强度是影响顶破的最关键因素，纤维强度、纤维间固着点的强度越大，顶破强力越大。其次，纤维摩擦、卷曲和纠缠作用也影响顶破强力。

6. 外界条件的影响

除纤维、纱线和织物本身结构、性能影响织物顶破强力外，试验条件对顶破强力也有重要影响。如试样直径越大，弹子直径越小，测得织物顶破强力将降低。

三、织物的撕裂性能

织物撕裂也称撕破，指织物在已有破口或剪口的条件下，边缘受到一集中负荷作用，使织物撕开的现象。织物的撕破是比较常见和容易发生的一种破坏形式。织物中经纱或纬纱受到与其轴向相垂直的外力,逐根受到外发生断裂时的最大负荷称为撕破强度。由于裂口处局部受力的特殊性,织物撕破强度远小于其拉伸断裂强度,往往由于局部撕裂破坏而造成织物失去使用价值。撕破强度能反映织物经整理后的脆化程度,因此,目前我国对经树脂整理的棉型织物及毛型化纤纯纺或混纺的精梳织物要进行撕裂强力试验。针织物除特殊要求外,一般不进行撕破试验。织物的其他力学破坏形式(顶破、磨损等)也常都以撕破为最终破坏形式出现。为了提高织物的寿命,必须研究织物撕破。

(一)撕裂性能测试方法

1. 单缝法

单缝法又称对撕法,是织物沿着某一方向剪口撕口,再将两端分别夹入夹持器内,拉伸至断裂。试样、夹持方法如图4-25(a)、(b)所示。

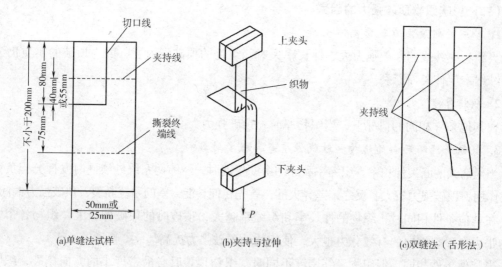

(a)单缝法试样　　　　(b)夹持与拉伸　　　　(c)双缝法(舌形法)

图4-25　单缝法的试样与夹持方法

在试样受拉伸后,受拉系统的纱线会上下分开,而非受拉系统的纱线与受拉系统的纱线间产生相对滑移并靠拢,在切口处形成近似三角形的受力区域,称受力三角区,如图4-26所示。由于纱线间存在摩擦力,非受拉系统的滑动是有限的,即三角区内受力的纱线根数是有限的。在受力三角区内,底边上第一根纱线受力最大,依次减小。随着拉伸外力的增加,非受拉系统纱线的张力随着迅速增大。当张力增大到使受力三角区第一根纱线达到其断裂强力时,第一根纱线断裂,下一根纱线开始成为受力三角区的底边,如此类推直至织物撕破。

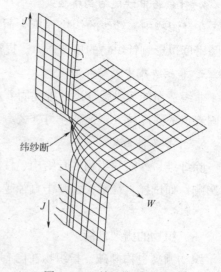

图4-26　单缝撕裂三角区

2. 双缝法

双缝法又称舌形法,是织物沿着某一方向平行剪口两个撕口，再将其两端分别夹入夹持器内，拉伸至断裂。夹持方法如图 4 – 25（c）所示。

3. 梯形法

梯形法是织物沿着某一方向绘制出梯形夹线，两种试样如图 4 – 27 所示。

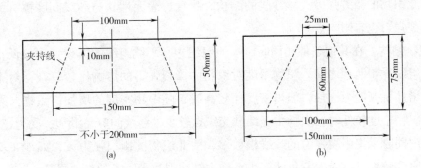

图 4 – 27 梯形法试样

4. 落锤法

落锤法是将一矩形织物试样夹紧于落锤式撕裂仪的动夹钳与固定夹钳之间。试样中间开一切口，利用扇形锤下落的能量，将织物撕裂，仪器上有指针指示织物撕裂时受力的大小。落锤法仪器示意图及试样如图 4 – 28 所示。

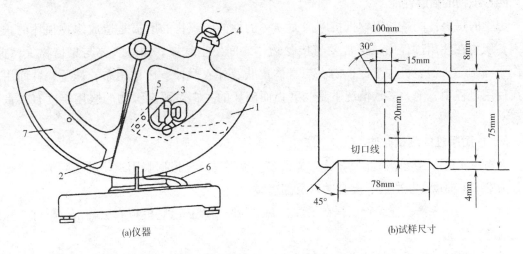

图 4 – 28 落锤法仪器示意图及试样

1—扇形锤　2—指针　3—固定夹钳　4—动夹钳　5—开剪器　6—挡板　7—强力标尺

（二）撕裂性能的指标

（1）最大撕破强力。指撕裂过程中出现的最大负荷值，单位为牛（N）。

（2）五峰平均撕破强力。在单缝法撕裂过程中，在切口后方撕破长度 5mm 后，每隔 12mm 分为一个区。五个区的最高负荷值的平均值为五峰平均撕裂强力，也称平均撕裂强力、五峰均值撕裂力。

（3）撕破破坏点的强力。是梯形法测量纱线开始断裂时的强力。

（三）影响织物撕裂强力的因素

（1）纱线性质。织物的撕裂强力与纱线的断裂强力大约成正比，与纱线的断裂伸长率关系密切。当纱线的断裂伸长率大时，摩擦系数越小，受力三角区内同时承担撕裂强力的纱线根数多，因此织物的撕裂强力大。纱线的结构、捻度、表面性状与纱线间摩擦有关系，因此对织物的撕裂强力也有影响。

（2）织物结构。在其他条件相同时，三原组织中，平纹组织的撕裂强力最低，缎纹组织最高，斜纹组织介于两者之间。织物密度对织物的撕裂强力的影响比较复杂，对于低密度织物，随密度增加抗撕能力增加，但当密度比较高时，随织物密度的增加，织物撕裂强力反而下降。因为织物密度较低时，织物中经纬纱交织点较少，纱线间容易滑移，受力三角区较大，受力三角区内同时承担撕裂强力的纱线根数多，因此织物的撕裂强力大，如纱布就不容易撕裂。当织物密度较高时，受力三角区变小，受力纱线根数少，撕裂强力降低。

（3）树脂整理。棉织物、黏胶纤维织物经树脂整理后纱线伸长率降低，织物脆性增加，织物撕裂强力下降，下降的程度与使用树脂种类、加工工艺有关。

（4）试验条件。试验方法不同时，测试出的撕裂强力不同，无可比性。撕裂强力大小与拉伸力一样，受温湿度、撕破速度等的影响。

四、织物的耐磨性能

织物的耐磨性能是指织物抵抗摩擦而损坏的性能。织物的磨损是造成织物损坏的重要原因，织物在使用过程中，经常要与接触物体之间发生摩擦。如外衣要与桌椅物件摩擦，工作服经常与机器、机件摩擦，内衣与身体皮肤及外衣摩擦。床单用布、袜子、鞋面用布等在使用过程中，绝大多数情况下是受磨损而破坏的。它对评定织物的服用牢度有很重要的意义。

（一）耐磨性的测试方法

织物在使用中因受摩擦而损坏的方式很多，也很复杂，根据服用织物的实际情况，大体可分为平磨、曲磨、折边磨、复合磨以及翻边磨。

（1）平磨。平磨是使织物试样在平放状态下与磨料摩擦，它模拟衣服袖部、臀部、袜底等处的磨损情况。

（2）曲磨。曲磨指织物试样在反复屈曲状态下与磨料摩擦。它模拟上衣的肘部和裤子膝部等处的磨损。图4-29为曲磨测定仪的示意图。条形试样一端被夹在上平台的夹头内，另一端被夹在下平台的夹头内，中间经过磨刀，磨刀受到重锤的拉力使试样受到一定的张力。上平台固定，下平台往复运动，使织物受到反复的曲磨。

（3）折边磨。折边磨是将织物试样对折，使织物折边部位与磨料摩擦。它是模拟上衣领口、袖口、袋口、裤脚口及其他折边部位的磨损。图4-30为折边磨测定仪的示意图。条形试样对折后被夹在夹头内，试样下方伸出规定距离，平台上包有磨料（如砂纸），随着平台的往复运动，试样折边部位受到反复磨损。

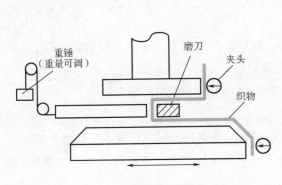

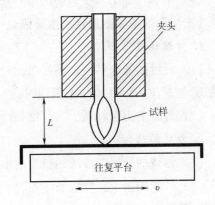

图4-29 曲磨测定仪示意图　　　　　　图4-30 折边磨测定仪示意图

（4）复合磨。复合磨是使织物试样在反复拉伸、弯曲状态下受反复摩擦而磨损。它是模拟人体穿着服装活动过程中的磨损。图4-31为复合磨测定仪的示意图。条形试样被夹在左右两个夹头内，并穿过若干个导辊。导辊上方有重锤，重锤下边包有砂纸。通过往复板与滑车的相对往复运动，试样受到反复磨损。

（5）翻动磨。翻动磨是使织物试样在任意翻动的拉伸、弯曲、压缩和撞击状态下经受摩擦而磨损。它模拟织物在洗衣机内洗涤时受到的摩擦磨损情况。图4-32为翻动磨测定仪的示意图。将试样缝合或者黏合放入高速回转的试验筒内，在叶轮的转动下，试样受到拉伸、弯曲、压缩和撞击并与试验筒壁上的磨料反复摩擦而受到磨损。

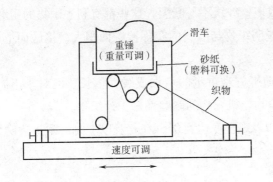

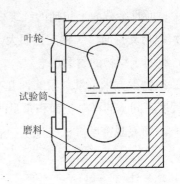

图4-31 复合磨测定仪示意图　　　　　　图4-32 翻动磨测定仪示意图

（二）评价耐磨性能常用指标类型

可以表达织物耐磨性能的具体指标很多，常见的有以下几种。

（1）经一定摩擦次数后，织物的物理机械性质、形状等的变化量、变化率、变化级别等。如强力损失率，透光、透气增加率，厚度减少率，表面颜色、光泽、起毛起球的变化等级等。

（2）磨断织物所需的磨损次数。

（3）某种物理性质达到规定变化时的磨损次数。如磨到2根纱线断裂或出现破洞时，织物受摩擦的次数。此类指标常用于穿着试验。

（4）平磨、曲磨及折边磨的单一指标加以平均，得到综合耐磨值。

（三）影响织物耐磨性的主要因素

1. 纤维性质

（1）纤维的几何特征。当纤维比较长时，成纱强伸度较好，有利于织物的耐磨；当纤维线密度在 2.78～3.33 dtex 范围内时，织物比较耐磨。

（2）纤维的力学性质。当纤维弹性好、断裂比功大时，织物的耐磨性好。

2. 纱线的结构

（1）纱线的捻度。纱线的捻度适中时，织物在其他条件相同的情况下，耐磨性较好。

（2）纱线的条干。纱线条干差时，较粗的部分纱线捻度小，纤维在纱中易被抽拔，因此不利于织物的耐磨性。

（3）单纱与股线。在相同细度下，股线织物的耐平磨性优于单纱织物的耐平磨性。

（4）混纺纱中纤维的径向分布。混纺纱中，耐磨性好的纤维若多分布于纱的外层，有利于织物的耐磨性。

3. 织物的结构

可以通过改变织物的结构来提高织物的耐磨性。

（1）织物厚度。织物厚些，耐平磨性提高，但耐曲磨和耐折边磨性能下降。

（2）织物组织。在经纬密度较低的织物中，平纹织物的交织点较多，纤维不易抽出，有利于织物的耐磨性。在经纬密度较高的织物中，以缎纹织物的耐磨性最好。

（3）织物内经纬纱细度。织物中纱线粗些，织物的支持面大，织物受摩擦时，不易产生应力集中；而且纱截面上包括的纤维根数多，纱线不易断裂，这些都有利于织物的耐磨性。

（4）织物支持面。织物支持面大，说明织物与磨料的实际接触面积大，接触面上的局部应力小，有利于织物的耐磨性。

（5）织物平方米重量。耐磨性几乎随平方米重量的增加成线性增长。但对于不同织物，其影响程度不同。同样单位面积重量的织物，机织物的耐磨性好于针织物。

（6）织物表观密度。试验证明，织物表观密度达到 0.6g/cm^2 及以上时，耐折边磨性能明显变差。

4. 试验条件

（1）磨料。不同的磨料之间无可比性。常用的是金属材料、金刚砂材料以及标准织物，不同的磨料引起不同的磨损特征。

（2）张力和压力。试验时施加的张力或压力大时，织物经较少摩擦次数就会被磨损。

（3）温湿度。试验时的温湿度也会影响织物的耐磨性，而且对不同纤维的织物影响程度不同。实际穿着试验还表明，由于织物受日晒、汗液、洗涤剂等的作用，不同环境下使用相同规格的织物，其耐磨性并不相同。

5. 后整理

后整理可以提高织物的弹性和折皱回复性，但整理后原织物强度、伸长率有所下降。在作用比较剧烈、压力比较大时，强力和伸长率对织物耐磨性的影响是主要的。因此，树脂整理后，织物耐磨性下降。实际经验还表明，树脂整理对织物耐磨性的影响程度还与树脂浓度有关。

第四节 织物的保形性

织物在穿用、洗涤、储存过程中能够保持原有外观特征，便于使用，易于保养，不发生使人不悦的形态变化的性能称为织物的保形性。保形性包括抗皱与褶裥保持性、抗起毛起球和抗勾丝性、悬垂性、刚柔性、尺寸稳定性。易洗快干、免烫或洗可穿、机可洗、不易沾污、不易掉色和变色等性能，下面介绍前面几种主要性能。

一、织物的抗皱性与褶裥保持性

织物在穿用和洗涤过程中，会受到反复揉搓而发生塑性弯曲变形，形成折皱，称为织物的折皱性。织物抵抗由于受到搓揉而引起的弯曲变形的能力称为抗皱性，实际上是指除去引起织物折皱的外力后，由于弹性使织物回复到原来状态的性能。因此，也常称织物的抗皱性为折皱回复性或折皱弹性。抗皱性能是织物的一项重要物理指标，织物的折皱影响织物外观的平整性。

织物经慰烫形成的褶裥（含轧纹、折痕），在洗涤后经久保形的程度称为褶裥保持性。实质上是大多数合成纤维织物热塑性的一种表现形式。由于大多数合成纤维是热塑性高聚物，因此一般都可通过热定形处理，使这类纤维或以这类纤维为主的混纺织物，获得使用上所需的各种褶裥、轧纹或折痕。

（一）织物的抗皱性

1. 抗皱性的测定方法与指标

（1）垂直法。将织物折叠后释放，测量折皱角的回复情况，来表达其抗皱性。垂直法是将织物剪成"凸"形试样，将其按折痕线180°弯曲，平放于试验台的试样夹内，加上一定压重并定时。经一定时间释压后后，由刻度盘读出折痕线弯曲的角度 θ，θ 称为折痕回复角。去压后立即读得的张角值为急弹折皱回复角 θ_i；一定时间后（5min）测量所得的张角值为缓弹折皱回复角 θ_r。显然，垂直法折痕回复角的大小受织物重力的影响。通常以织物经、纬两向的折痕回复角作指标。垂直法原理示意图如图4-33所示。

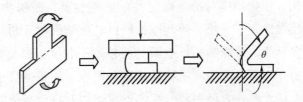

图4-33 垂直法原理示意图

（2）水平法。水平法是为了避免织物重力的影响而采用的方法。将条形试样放入试样夹，并将夹有试样的试样夹插入仪器刻度盘上的弹簧夹内，并让试样一端伸出试样夹外，成为悬挂的自由端。为了消除重力的影响，在试样回复过程中必须不断转动刻度盘，试样悬挂的自由端与仪器的中心垂直基线保持重合。经一定时间后，由刻度盘读出急弹性折痕回复角和缓弹性折痕回复角。通常以织物正反两面经纬两向的折痕回复角作指标。水平法原理示意图如图4-34所示。

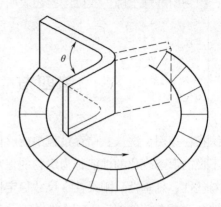

图4-34　水平法原理示意图

折痕回复角实质上只是反映了织物单一方向、单一形态的折痕回复性。这与实际使用过程中织物多方向、复杂形态的折皱情况相比，还不够全面。

（3）揉搓拧绞法。该法更接近实物效果，以搓揉或拧绞方式使织物起皱，采用样板对照或图像处理方法进行评价。

①样板对照法。样板对照法是将试样与免烫样照对比，分为5级，5级最好，1级最差。

②图像处理法。图像处理法是对折皱处理后的试样进行摄像和图像处理，提取织物表面的折皱高低、大小、纹理等信息，以定量评价织物的抗皱性。

2. 影响织物抗皱性的因素

（1）纤维性状。

①纤维几何形态。纤维越粗，折皱回复性越好。圆形截面纤维比异形截面纤维的折皱回复性要好，因为异形截面纤维集合体易于在变形后形成纤维间的"自锁"，而不易回复；纵向光滑的纤维比纵向粗糙的纤维抗皱性要好。

②纤维弹性。即纤维变形后可以回复的特性，对织物抗皱性是根本性的因素，弹性越好，织物折皱回复性越高。

（2）纱线结构。纱线的捻度适中时，织物抗皱性好。因为捻度过低时，纱线中纤维易发生滑移耗能，纤维的变形能不足，故织物的折皱不易回复；捻度过高时，纤维已有变形，再加折痕弯曲变形，会引起塑性变形，且纤维一旦滑移，回复阻力又大，故抗皱性也差。

（3）织物几何结构。织物厚度对折痕回复性的影响显著，厚织物的折痕回复性较好。针织物为线圈结构，故弹性好、蓬松、质地厚，所以其抗皱性优于机织物。机织物三原组织中，平纹交织点最多且薄，故织物的折痕回复性较差；缎纹组织交织点最少，织物折痕回复性较好；斜纹织物介于两者之间。织物的密度、紧度、体积分数或经纬密增加，织物中纤维间切向滑动阻力增大，外力释去后，纤维不易作相对移动，故织物折痕回复性有下降趋势。

（4）环境条件。当温湿度增加时，纤维材料更具有塑性，纤维间的摩擦阻力也会变得更大。这都会导致织物抗皱性的降低，如棉、毛、麻、丝织物在热湿环境下易起皱。

（二）织物的褶裥保持性

1. 褶裥保持性的测定方法与指标

通常采用目光评定法。试验时，先将织物试样正面在外对折缝牢，覆上衬布，在定温、定压、定时下熨烫，冷却后在定温、定浓度的洗涤液中按规定方法洗涤处理。干燥后在一定照明条件下与标准样照对比，通常分为 5 级，5 级最好，1 级最差。

2. 影响织物褶裥保持性的因素

基本影响因素是定形后纤维结构的稳定性和纤维间结构的稳定性。所以织物的褶裥保持性主要取决于纤维的热塑性和弹性。此外，织物的褶裥保持性还与纱线的捻度和织物的密度、厚度，热定形处理时的温度、压强及织物的含水率有关。

（1）纤维的热塑性和弹性。热塑性和弹性好的纤维，在热定形时织物能形成良好的褶裥等变形。使用时虽因外力而产生新的变形，一旦外力去除后，回复到原来褶裥或折痕、轧纹形状的能力也较好。

涤纶、腈纶的褶裥保持性最好，锦纶织物的褶裥保持性也可，维纶、丙纶的褶裥保持性较差。

（2）纱线的捻度和织物的密度、厚度。纱线捻度越大、织物厚度大、织物紧密性越高，熨烫后的褶裥保持性较好。因为纱线间摩擦作用大、织物结构稳定，褶裥保持性就越强。

（3）热定形处理时的温度、压强及织物的含水率。在适当温度下，厚织物熨烫 10s，大体上可获得较好褶裥，30s 时折痕达到平衡，虽然增加熨烫时间可使褶裥保持性变好，但也有熨坏织物的风险。须在适当温度下，才能获得好的褶裥保持性，一般为 130 ~ 150℃；达到一定压强，才能提高褶裥效果，而压强达到 6k ~ 7kPa 时，再增大压强，则褶裥效果不再增加。织物含水率与褶裥保持性的关系很大，一定的含水率时，折痕效果最大，而含水率再增加，则引起熨斗表面温度下降，使折痕效果降低。

（三）抗皱性与褶裥保持性的关系

1. 抗皱与褶裥保持机理的差异

对于抗皱性来说，要求纤维的特征是高弹、高模量，而织物的特征是蓬松、多孔、较厚，能够使织物易于变形又能恢复变形。

对于褶裥保持性来说，要求纤维的特征是高模量且热塑性好，织物的特征是结构紧密、不可滑移，织物厚实。

2. 两者的相互关系

抗皱性是将平整的织物弯曲后，看其是否能恢复平整状态的性能；褶裥保持性是将弯曲的织物扯平后，看其是否能恢复到原有弯折状态的性能。

本质上两者都是材料在外力、热湿作用下形态保持不变的性能。

二、织物的抗起毛起球性与抗勾丝性

织物在日常使用、实际穿用与洗涤过程中，不断经受摩擦，在容易受到摩擦的部位上，织物表面的纤维端由于摩擦滑动而松散露出织物表面，并呈现许多令人讨厌的毛绒，既为"起毛"；若这些毛绒在继续穿用中不能及时脱落，又继续经受摩擦卷曲而互相纠缠在一起，被揉成许多球形子粒，通常称为"起球"。织物起毛起球会使织物外观恶化，降低织物的服用性能，特别是合成纤维织物，由于纤维本身抱合性能差，强力高，弹性好，所以起球更为突出。织物起毛起球后，严重影响其外观，降低服用性能，甚至因而失去使用价值。目前起毛起球已成为评定织物服用性能的主要指标之一。

织物中纤维和纱线由于受到钉、刺等尖锐物体勾挂而被拉出于织物表面的现象称为勾丝。针织物和变形长丝的机织物在使用过程中，遇到尖硬的物体，极易发生勾丝，并在织物表面形成丝环。当碰到的锐利物体，切作用力剧烈时，单丝易被勾断。发生勾丝不仅使织物外观明显变差，而且影响织物的耐用性。

（一）织物抗起毛起球性

1. 织物起毛起球的过程

织物起毛起球过程可分起毛、纠缠、成团、成球、毛球脱落五个阶段。如图4-35所示。

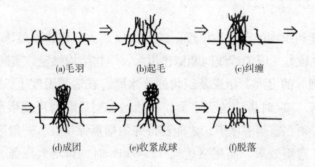

图4-35　织物起毛起球过程

图4-35（a）表示织物原样，表面有毛羽；图4-35（b）表示第一阶段起毛，织物表面的纤维因不断经受摩擦从织物中抽出，产生毛绒；图4-35（c）表示第二阶段纠缠，未脱落的纤维相互纠缠，并加剧纤维的抽拔；图4-35（d）表示第三阶段成团，纤维纠缠越来越紧，最后形成小球粒；图4-35（e）表示第四阶段成球，连接球粒的纤维断裂或抽拔；图4-35（f）表示第五阶段脱落，出现部分球粒脱落。

2. 织物起毛起球的测量与评定方法

（1）圆轨迹法。织物试样在一定压力下以圆周运动的轨迹先与尼龙毛刷摩擦，再与标准织物摩擦。经过一定的摩擦次数后，将试样在规定光照条件下与标准样照作对比，评定试样的起球等级。圆轨迹起球仪示意图如图4-36所示。此法多用于低弹长丝机织物、针织物及其他化纤纯纺或混纺织物。

（2）马丁代尔法。织物试样在一定压力下与磨台上的磨料进行摩擦，其运动轨迹为李莎茹图形。经过一定的摩擦次数后，将试样在规定光照条件下与标准样照作对比，评定试样的起球等级。马丁代尔磨损仪示意图如图4-37所示。此法的优点是织物的所有部位都能被磨到，适用于大多数织物，对毛织物更适宜，但不适用厚度超过3mm的织物。

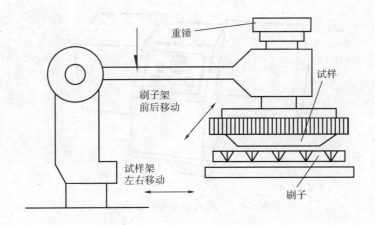

图 4 - 36 圆轨迹式起球仪示意图

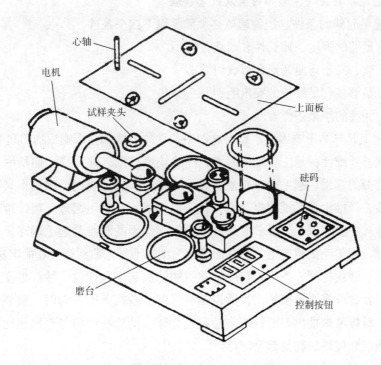

图 4 - 37 马丁代尔磨损仪示意图

（3）起球箱法。将织物试样套在聚氨酯载样管上，放入起球箱内，经过一定的翻滚次数后，将试样取出，放在规定光照条件下与标准样照作对比，评定试样的起球等级。箱式起毛起球仪示意图如图 4 - 38 所示。该方法适用于毛针织物及其他较易起球的织物。

（4）基本评定方法。目前用得较多的是评级法。标准样照分为 1 ~ 5 级，1 级最差，5 级最好。1 级严重起毛起球，5 级不起毛起球。试样在标准条件下与样照对比，评定等级。该方法的缺点是受人为目光的影响，可能出现同一试样而不同人看法并不一致的情况。评定时若不能确定等级，也可以取中间值半个等级。此外，也可以用单位面积上毛球的个数或毛球的

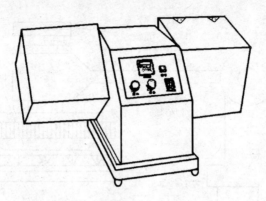

图4-38 箱式起毛起球仪示意图

总重量来表达。

3. 织物起毛起球的条件、影响因素及改善措施

（1）织物起毛起球的条件。织物起球必须满足以下四个条件。

①纤维要求足够的强度、伸长性和耐疲劳性。

②纤维要柔软、易于弯曲变形和形成纠缠。

③织物要有足够多和足够长的突出毛羽。

④要有产生纠缠的摩擦条件。

（2）织物起毛起球的影响因素。影响这四个条件的因素都会影响织物的起毛起球。

①纤维性状。纤维性状是主要影响因素。纤维较短较细、强力高、伸长率大、耐磨性好时，特别是耐疲劳的纤维，起毛起球现象明显。纤维较长、较粗时，织物不易起毛起球，因长纤维纺成的纱，纤维少且纤维间抱合力大，所以织物不易起毛起球。粗纤维较硬挺，起毛后不易纠缠成球。一般来说，圆形截面的纤维比异形截面的纤维易起毛起球。另外，卷曲多的纤维也易起球，细羊毛比粗羊毛易起球即是因为细羊毛易弯曲纠缠且卷曲丰富。

②纱线结构。纱线捻度、条干均匀度影响织物的抗起毛起球性。纱线捻度大时，纱中纤维被束缚得很紧密，纤维不易被抽出，所以不易起球。纱线条干不匀时，粗节处捻度小，纤维间抱合力小，纤维易被抽出，所以织物易起毛起球。精梳纱织物与普梳相比，前者不易起毛起球。花式线、膨体纱织物易起毛起球。

③织物结构。织物越蓬松、交织点少、浮长线长，织物易起毛起球。在织物组织中，平纹织物起毛起球性最低，缎纹最易起毛起球。针织物较机织物易起毛起球。针织物的起毛起球与线圈长度、针距大小有关，线圈短、针距密时织物不易起毛起球。表面平滑的织物不易起毛起球。

④后整理。如织物在后整理加工中，适当经烧毛、剪毛、刷毛处理，可降低起毛起球性。对织物进行热定形或树脂整理，也可降低起毛起球性。

（3）织物起毛起球的改善措施。根据织物起球的条件和影响因素提出其改善措施。

①积极的方法。减少织物的毛羽量，控制纤维的弯曲刚度，增加纤维集合体中纤维间的相互作用，可以通过纺纱、织造加工工艺及方法和采用异形纤维来实现。

②消极的方法。降低纤维的韧性和耐疲劳性，加快纤维球的断裂脱落；采用黏结、涂层和烧毛整理，减少毛羽的产生和起始毛羽量。

（二）织物抗勾丝性

1. 织物抗勾丝性的测量方法与评定

（1）测量方法。测定织物勾丝的仪器有三种类型，即钉锤式、刺辊式、滚箱式。原理基本相似，都是在一定条件下，使织物试样在运动中与某些尖锐物体（排钉、针尖、锯条）相互作用，从而达到勾丝目的。所不同的是：刺辊式勾丝仪，其试样的一端是在无张力的自由状态下与针刺作用的，而其他两种方法的试样两端是缝制好的，即试样是在两端固定的情况下与刺针发生作用。三种仪器的结构示意图如图 4 - 39 所示。

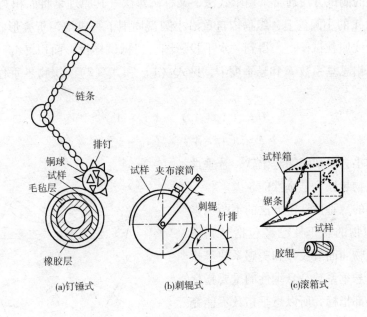

图 4 - 39　织物勾丝测量仪器结构示意图

（2）评定。采用评级法，将勾丝后的织物与标准样照对比评级。分为 1 ～ 5 级，5 级最好，1 级最差。

2. 织物勾丝性的影响因素

（1）纤维性状。圆形截面的纤维容易勾丝。长丝容易勾丝。纤维的伸长能力和弹性较大时，能缓和织物的勾丝现象。

（2）纱线性状。一般规律是结构紧密、条干均匀的不易勾丝。所以，增加纱线捻度，可减少织物勾丝。线织物比纱织物不易勾丝。低膨体纱比高膨体纱不易勾丝。

（3）织物结构。结构紧密的织物不易勾丝，表面平整的织物不易勾丝。针织物勾丝现象比机织物明显，其中平针织物不易勾丝，纵横密度大、线圈长度短的针织物不易勾丝。

（4）后整理。热定形和树脂整理能使织物表面更光滑平整，勾丝现象可有所改善。

三、织物的悬垂性

织物因自重下垂的程度及形态称为悬垂性。它反映织物悬垂程度和悬垂形态。悬垂程度是指织物在自重作用下下垂的程度，下垂程度越大，织物的悬垂性越好。悬垂形态是指织物伸出部分能形成均匀平滑和高频波动曲面的特性。它是织物视觉形态风格和美学舒适性的重要内容之一，涉及织物使用时能否形成优美的曲面造型和良好的贴身性。某些裙类织物、舞台帷幕等都应具有良好的悬垂性。悬垂性根据使用状态可分为静态悬垂性和动态悬垂性。

（一）静态悬垂性的测定方法与指标

静态悬垂性是指织物在自然状态下的悬垂度和悬垂形态。

静态悬垂性的测试方法通常采用伞式法，又称圆盘法。其原理是将面积为 A_R 的圆形织物试样放在面积为 A_r 的小圆盘上，织物依自重沿小圆盘周围下垂成均匀折叠形状。然后从小圆盘上方用平行光线照在试样上，得到一水平投影图。根据试样投影面积（A_F）与小圆盘面积之差的比值计算出悬垂系数 F 和悬垂度 U，见式（1）和式（2）。织物悬垂性测量示意图如图 4-40 所示。

$$U = (A_R - A_F) / (A_R - A_r) \tag{1}$$

$$F = (A_F - A_r) / (A_R - A_r) \tag{2}$$

悬垂系数越小，表示织物越柔软，悬垂性能越好；反之织物越硬，悬垂性能越差。

经过对织物的悬垂性评定方法的不断探索和完善，现在织物的悬垂性已经包括悬垂系数、活泼率、织物曲面波纹数和美感系数等指标。这就是说，悬垂系数是悬垂性的重要指标之一，但不是全部指标，所以悬垂系数不能完全表征悬垂性。

（二）动态悬垂性的测定方法与指标

动态悬垂性是指织物（服装）在一定的运动状态下的悬垂度、悬垂形态和漂动频率。

美的动态悬垂性是指在适度运动或微风拂动时，织物能与人体动作相协调，形成优美的曲面。

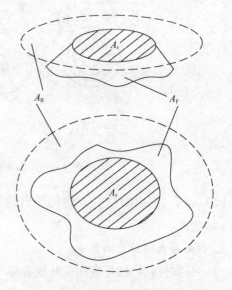

图 4-40　织物悬垂性测量示意图

静态悬垂性的测试方法是将原静态的悬垂物绕伞轴转动即可，指标与静态悬垂性指标相同。

四、织物的刚柔性

织物的刚柔性，是指织物的抗弯刚度（硬挺度）和柔软度。织物抵抗其弯曲方向形状变化的能力，称为抗弯刚度。抗弯刚度常用来评价相反的特征——柔软度。

（一）织物刚柔性的测试方法与指标

刚柔性的测定方法很多，其原理都是根据抗弯刚度越大越难弯曲来测试的。

1. 斜面法

目前国内外测定刚柔性的方法有很多，其中最简单的方法是采用斜面法，其实验原理是将一定尺寸的织物狭长试条作为悬臂梁，根据其可挠性，可测试计算其弯曲长度、弯曲刚度与抗弯弹性模量，作为织物刚柔性指标。

取 2cm 宽、约 15cm 长的织物试条放在一端连有斜面的水平台上，在试条上放一滑板，并使试条的下垂端与滑板平齐。实验时，利用适当的方法将滑板向右推出，由于滑板的下部平面上附有橡胶层，因此带动试条徐徐推出，直到由于织物本身重力的作用而下垂触及斜面为止。试条滑出长度可由滑板移动的距离而得到，由此计算有关织物刚柔性的指标。斜面法测量原理示意图如图 4-41 所示。

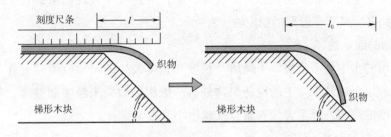

图 4-41　斜面法测量原理示意图

根据试样的滑出长度 l_0，计算得出抗弯长度 C，公式为：

$$C = l_0 \left[\frac{\cos(\theta/2)}{8\tan\theta} \right]^{1/3}$$

抗弯长度也称硬挺度，当斜坡角度 θ 确定时，织物滑出长度越长，织物越硬挺。

2. 心形法

斜面法适合测试毛织物及比较厚实的其他织物，对于轻薄织物和有卷边现象的针织物可用心形法测试。心形法试样规格为 2cm×25cm，两端各在 2.5cm 处做一标记，试样长度有效部分为 20cm。在标记处将试样用水平夹持器夹牢，试样在自身重量下形成心形。经 1min 后，测出水平夹持器顶端至心形下部的距离 L，称为悬重高度（单位：mm），又称柔软度。悬重高度越长，表示织物越柔软。心形法测量原理如图 4-42 所示。

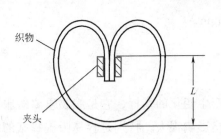

图 4-42　心形法测量原理示意图

（二）织物刚柔性的影响因素

（1）纤维性质。纤维的初始模量是影响织物刚柔性的决定因素。初始模量大的纤维，其织物刚性大，织物硬挺；反之，织物比较柔软。

（2）纱线结构。纱线的抗弯刚度大时，织物的抗弯刚度也较大。因此纱线直径大，捻度大时，织物硬挺，柔软性差。

（3）织物结构。织物厚度增加，硬挺度明显增加；织物交织次数多，浮长线短时，织物的硬挺度增加。织物紧度不同时，紧度大的织物比较硬挺。机织物与针织物相比较，机织物的抗弯刚度大，比较硬挺。针织物中，线圈长，针距大时，织物比较柔软。

（4）后整理。织物通过后整理，即对织物进行硬挺整理或柔软整理，可以改变其刚柔性。硬挺整理是用高分子浆液黏附于织物表面，织物干燥后即变得硬挺光滑。柔软整理可采用机械揉搓方法，对织物多次揉搓，使织物硬挺度下降。也可采用柔软剂整理，减少纤维间或纱线间的摩擦阻力，提高织物的柔软性。合成纤维织物在后整理加工时，在烧毛、染色、热定形中，若温度过高，会导致织物发硬、变脆。

五、织物的尺寸稳定性

织物的尺寸稳定性是指织物在穿着、洗涤、储存等过程中表现出来的长度缩短或伸长的性能。它关系到服装尺寸和造型的稳定性。

（一）织物的缩水性

织物在常温的水中浸债或洗涤干燥后，长度和宽度发生的尺寸收缩程度称为缩水性。除合成纤维织物或以合成纤维为主的混纺织物外，一般织物如果未经防缩整理，落水或洗涤后都会有一定程度的收缩，严重者使衣服越来越短小，影响穿着。

1. 缩水性的测试方法

织物缩水性的测试方法，目前常用的是机械缩水法（洗衣机法）和浸渍缩水法。两者都是将规定尺寸的试样在规定温度的水中处理一定时间，经脱水干燥后，测量经纬（或纵横）向长度。两者不同之处是前者是动态的，后者是静态的。

2. 缩水性指标

织物的缩水性用缩水率表示。其计算式是：

$$缩水率 = \frac{L_0 - L_1}{L_0} \times 100\%$$

式中：L_0——织物缩水前的尺寸；

　　　L_1——织物缩水后的尺寸。

缩水率是表示织物浸水或洗涤干燥后，织物尺寸产生变化的指标，它是织物重要的服用性能之一。缩水率的大小对成衣或其他纺织用品的规格影响很大，特别是容易吸湿膨胀的纤维织物。在裁制衣料时，尤其是裁制由两种以上的织物合缝而成的服装时，必须考虑缩水率的大小，以保证成衣的规格和穿着的要求。

（二）织物的热收缩

合成纤维及以合成纤维为主的混纺织物，在受到较高的温度作用时发生的尺寸收缩称为热收缩性。

织物热收缩大小用热收缩率来表示，即加热后纤维缩短的长度占原来长度的百分率。

根据介质的不同分沸水收缩率、热空气收缩率、饱和蒸汽收缩率。

第五节　织物的舒适性

舒适性是织物服用性能的一项重要指标，它涉及的领域很广，既有物理学、生理学方面的因素，也有社会学、心理学等方面的因素。在人、衣服、环境三者之间相互作用之中，使人达到生理、心理及其他因素感觉的满意称为舒适。织物舒适性研究应立足于环境—织物—人体这一复杂的系统中。

一、织物的透气性

织物的透气性是指气体分子通过织物的性能，是织物舒适性中最基本的性能。织物透过空气的能力对服装面料有重要意义。冬令外衣织物需要防风保温，应具有较小的透气性。夏令服装面料应有良好的透气性，以获得凉爽感。

（一）透气性的测定方法与指标

1. 测定方法

在规定的压差下，测定单位时间内垂直通过试样的空气流量，推算织物的透气性。当流量孔径大小一定时，其压差越大，单位时间流过的空气量也越大；当流量孔径大小不同时，同样的压力差所对应的空气流量不同，流量孔径越大，同样的压力差，单位时间内流过的空气量越大。织物透气仪原理图如图4-43所示。

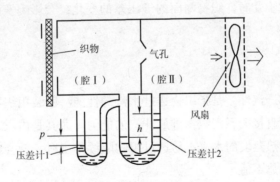

图4-43　织物透气仪原理图

2. 指标

织物的透气性常以透气率 B_p 来表示，指织物两边维持一定压力差条件下，在单位时间内通过织物单位面积的空气量，单位为 mL/（cm^2·s）本质上是气体的流动速度。透气率计算见式4-9。

$$B_p = \frac{V}{A_t}$$

式中：V——t 秒内通过织物单位面积的空气量，mL；

　　　　A_t——织物面积，cm^2。

（二）影响织物透气性的因素

1. 纤维性状

纤维表面形状和截面形态，会因表面阻挡物和比表面积的增加，导致气流流动的阻力增大。故纤维越短，刚性越大，产品毛羽的概率越大，形成的阻挡和通道变化越多，故透气性越小。所以大多数异形纤维织物比圆形截面纤维织物具有更好的透气性。

纤维的回潮率对透气性有明显影响。吸湿性强的纤维吸湿后，纤维直径明显膨胀，织物紧度增加，透气性下降。

2. 纱线性能

纱线捻系数增大时，在一定范围内使纱线密度增大，纱线直径变小，织物紧度降低，因此织物透气性有提高的趋势。在经纬（纵横）密度相同的织物中，纱线线密度减小，织物透气性增加。

3. 织物结构

织物厚度增大，透气性下降。织物组织中，平纹织物交织点最多，浮长最短，纤维束缚得较紧密，故透气性最小；斜纹织物透气性较大；缎纹织物透气性更大。纱线线密度相同的织物中，随着经纬密的增加，织物透气性下降。织物经缩绒（毛织物）、起毛、树脂整理、涂胶等后整理后，透气性有所下降。

4. 环境条件

当温度一定时，织物透气量随空气相对湿度的增加而呈下降趋势。

在相对湿度一定时，织物透气量随环境温度升高下降。

当温度和相对湿度不变时，织物两面的气压差的变化，会影响实测的流量，而且是非线性的。

二、织物的透湿性

织物的透湿性也称透汽性，是指织物透过水汽的性能。服装用织物的透湿性是一项重要的舒适、卫生性能，它直接关系到织物排放汗汽的能力。尤其是内衣，必须具备很好的透湿性。当人体皮肤表面散热蒸发的水汽不易透过织物陆续排出时，就会在皮肤与织物之间形成高温区域，使人感到闷热不适。

（一）透湿性的测定方法与指标

织物透湿性测试通常采用蒸发法和透湿杯吸湿法。

1. 蒸发法

将织物试样覆盖在盛有一定量蒸馏水的容器内，放置在规定温湿度的试验箱内。由于织物两边的空气存在相对湿度差，使容器内蒸发产生的水汽透过织物发散。经过一定的时间先后两次称量，根据容器内水量的减少来计算透湿量。

织物的透湿性以透湿率 U 来表示，见下式。

$$U = 60G/tA$$

式中：G——容器内蒸馏水的减少量，mg；

A——透湿面积，cm^2；

t——试样放置的时间，min。

2. 透湿杯吸湿法

在干燥的吸湿杯内装入吸湿剂，将试样覆盖牢，然后置于规定温湿度条件的试验箱内，经一定的时间先后两次称量，来计算透湿量。

指标与计算方法同蒸发法。

（二）影响织物透湿性的因素

影响织物透湿性的因素有织物结构与组成以及外界环境等。

1. 织物结构与组成的影响

水汽通过织物的三条传递途经：一是水汽通过织物中微孔的扩散；二是纤维自身吸湿，并在织物水汽压较低的一侧逸出；三是大量的水分子会产生凝露，并通过毛细管作用扩展，在水汽压低处产生较多的蒸发。

所以，织物厚度越大、交织点越多、织物紧度越大，织物透湿性越差。

2. 外界环境

空气相对湿度增加时，织物对人体的蒸发散热阻力增加，织物透湿性降低。

环境气候（或风速）对织物热湿传递性影响很大，风速大时，服装织物的隔热值随风速增加而降低，透湿性则随风速增加而增大，表明气流速度增加有利于服装织物的传热和传湿。

三、织物的透水性

织物透水性是指液态水从织物一面渗透到另一面的性能。由于织物用途不同，有时采用与透水性相反的指标——防水性来表示织物阻止水滴透过的性能。

（一）透水性的测定方法与指标

1. 水压法

水压法又分静水压法和动水压法，其原理图见图4-44。

（1）静水压法。静水压法是在织物的一侧施加静水压，测量在此静压下的出水量；或出水点时间；或在一定出水量时的静水压值。

（2）动水压法。动水压法是将织物一面施以等速增加的水压，直到织物另一面渗出一定量的水珠。

2. 喷淋法

喷淋法又称沾水法。是将试样夹在环形夹持器中，并放于绷架上，使试样平面与水平面成45°角。常温（20℃）定量水通过喷头喷射到试样表面。喷完水后，取下夹持器，在绷架和试样平行方向轻击数下，去除浮附在试样表面的水分。最后，与标准样照对比评分，也

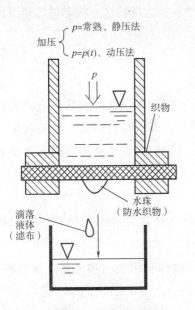

图4-44　水压法原理图

可通过称出试样重量的变化来测定沾水量。喷淋法原理如图4-45所示。

图4-45　喷淋法原理图

（二）防水整理

1. 防水剂整理

织物经防水剂整理后，纤维表面布满具有疏水性基团的分子，使水滴与织物表面所形成的接触角增大，水分子不易附着，从而提高织物防水性。

2. 织物表面涂层

织物表面涂以不透水的薄膜层后，提高织物防水性，但由此产生不透汽的新问题。因此一般通过特殊涂层处理，在织物表面形成无数微孔或者用超细纤维制造超高密结构的织物等，使织物既防水又透汽。

四、织物的透光性

织物透光性是指光线通过织物的性能，涉及直接通过织物孔隙的透光光强和经过纤维的透光光强。

五、织物的热湿舒适性

织物的热湿舒适性是指织物在人体与环境的热湿传递间维持和调节人体体温稳定，微环境湿度适宜的性能。所以决定热湿舒适感觉的因素是人体、织物、环境三者间所形成的微气候。热湿舒适感的环境条件：一般认为，人体在衣服内温度32℃±1℃，相对湿度50%±10%，气流速度25cm/s±15cm/s的条件下感到舒适。织物就是为维持这一状态进行热湿传递和调节的。

（一）热性能的测定方法与指标

1. 测试原理

测试织物的保暖性用织物保温仪，将试样覆盖在平板式织物保温仪的实验板上，实验板底板以及周围的保护层都用电热控制相同的温度，并通过通、断电保持恒温，使实验板的热量只能通过试样的方向散发。实验时，通过测定实验板保持恒温所需要的加热时间来计算织物的保暖指标：保温率、传热系数和克罗值。

2. 各保暖指标的含义

（1）保温率 Q。无试样时的散热量 Q_0 和有试样时的散热量 Q_1 之差与无试样时的散热量 Q_0 之比的百分率。该值越大，试样的保暖性越好。

（2）传热系数 U。纺织品表面温差为1℃时，通过单位面积织物的热流量。该值越大，保暖性越大。

（3）克罗值 CLO。一个静坐着或从事轻度劳动的人，其代谢作用产生热量约为210kJ/（$m^2 \cdot h$），在室温为20~21℃、相对湿度小于50%、风速不超过0.1m/s的环境中感觉舒适。

将皮肤平均温度维持在33℃左右时，所穿着服装的隔热值定义为1CLO。克罗值大，织物保暖性好。

（二）湿性能的测定方法与指标

1. 保水率

衡量保水性的指标是保水率，织物的保水率是指织物在一定压力下，保持的水分量占干燥织物重量的百分比。在人体大量出汗时，来不及扩散和蒸发的水分就会储存在织物内部，它在一定程度上可反映织物的吸水性能和液态水在织物内部的储存能力。

将试样裁剪成 15cm×15cm 规格，放在恒温恒湿室中平衡一定时间后测其干重 W_1，然后在蒸馏水深 50mm 下浸渍 30min，使其吸水达到饱和，再用离心脱水机脱水 3min（周边加吸水织物防止容器内壁剩水被织物吸回），再测试织物的重量 W_2，可由下式计算保水率 k_w。

$$k_w = \frac{W_2 - W_1}{W_2} \times 100\%$$

2. 放湿干燥速率

放湿干燥速率是用于评价人体的潜汗和显汗在织物的外表面向外界环境放湿排水的能力。它表征的是液态水在织物中传导，在织物表面挥发干燥的物理量。

放湿干燥速率的测试方法是：将 25cm×25cm 的织物放在恒温恒湿室中平衡 24h 后，用注射器在织物上注 3ml 水，称重 W_1，织物在恒温恒湿室放湿 60min 后，再称重 W_2，则由下式计算干燥速率 δ。

$$\delta = \frac{W_1 - W_2}{3} \times 100\%$$

3. 毛细效应高度

剪取一段被测织物的长布条，将布条垂直放置，一端吊起，另一端浸入液体中，测定液体在一定时间内（5min）上升的高度，进而得到织物导湿能力即毛细效应高度。

第六节 织物的风格

织物风格是织物的外观特征与穿着服用性能的综合反映，是织物的物理特性作用于人的感觉器官而使人做出的综合评判。广义的织物风格包括视觉风格、触觉风格和听觉风格。视觉风格是指织物的外观特征，如色泽、花型、明暗度、纹路、平整度、光洁度等刺激人的视觉器官而使人产生的生理、心理的综合反映。触觉风格是通过人手的触摸抓握，织物的物理性能对人体的刺激而使人产生的综合评判，触觉风格也称狭义风格或手感。听觉风格即声感，织物与织物间摩擦时所产生的声响效果。视觉风格和听觉风格受人的主观因素的支配，很难找到客观的评价方法和标准。因此，在一般情况下所说的织物风格是指狭义风格，即手感。

一、织物风格的分类

（一）按材料分

织物风格按材料分为棉型风格、毛型风格、真丝风格和麻型风格。

1. 棉型风格

一般要求纱线条干均匀，捻度适中，棉结杂质少，布面匀整，吸湿透气性好。此外，不同的棉织物还有各自不同的风格特征，如细平布的平滑光洁，质地紧密；卡其织物手感厚实硬挺，纹路突出饱满；牛津纺织物柔软平滑，色点明显；灯芯绒织物绒条丰满圆润，质地厚实，有温暖感。

2. 毛型风格

毛型织物光泽柔和、自然，质地丰满而富有弹性，且有温暖感。精梳毛织物质地轻薄，组织致密，表面平滑，纹路清晰，条干均匀；粗纺毛织物质地厚重，组织稍疏松，手感丰厚，呢面绒毛细密，不起毛起球。

3. 真丝风格

真丝织物具有轻盈而柔软的触觉，良好的悬垂性，珍珠般的光泽及特有的丝鸣效果。

4. 麻型风格

麻织物的外观有一种朴素和粗犷的特征，质地坚牢，抗弯刚度大，具有挺爽和清凉的感觉。

（二）按用途分

织物风格按用途分有外衣用织物风格和内衣用织物风格。外衣用织物风格要求布面挺括，有弹性，光泽柔和，褶裥保持性好；内衣用织物风格要求质地柔软、轻薄、手感滑爽，吸湿透气性好等。

（三）按厚度分

织物风格按厚度可分为厚重型织物、中厚型织物和轻薄型织物。厚重型织物要求手感厚实、滑糯，有温暖的感觉；中厚型织物一般质地坚牢、有弹性，厚实而不硬；轻薄型织物质地轻薄，手感滑爽，有凉爽感。

二、织物风格的评定

（一）主观评定法

主观评定是一种最基本、最原始的手感评定方法，通过人的手触摸织物所引起的感觉，并结合对织物的外观视觉印象来做出评价。

1. 方法

一捏、二摸、三抓、四看。一捏：用三个手指捏住呢绒边，织物正面朝上，中指在呢绒下，拇指、食指捏在呢绒面上，将呢绒交叉捻动，确定呢绒面的滑爽度、弹性、厚薄、身骨等特性。二摸：将呢绒面贴着手心，拇指在上，其他四指在呢绒下，将局部呢绒的正反面反复擦摸，确定呢绒的厚薄、软硬、松紧、滑糯等特性。三抓：将局部呢绒面捏成一团，有重有轻抓抓放放反复几次，确定呢绒的弹性、活络、挺糯、软硬、蓬松、抗皱等特性。四看：

从呢绒面的局部到全幅仔细观察，确定呢绒面光泽、条干、边道、花型、颜色、斜纹等质量的优劣。

该法的优点是快速简便；缺点是带有人为因素，不能获得定量数值。

2. 手感用语

织物手感用语见表4-3。

表4-3 手感用语

序号	用语		序号	用语	
1	重	轻	14	优雅、精细	粗犷
2	厚	薄	15	活络	呆板
3	身骨好	身骨差	16	朴实	花哨
4	丰满	干瘪	17	华贵	低劣
5	蓬松	瘦薄	18	华丽	平淡
6	挺	疲、烂	19	滑	糙
7	硬	软	20	毛绒、模糊	光洁
8	刚	糯	21	亮	暗
9	回弹好	回弹不好	22	晶明	晦淡
10	干燥	黏湿	23	美丽	难看
11	爽利	黏腻	24	和谐	不和谐
12	滑爽	闷阻	25	凉	暖
13	滑润	枯燥			

（二）仪器评定法

织物风格的测量仪器主要有四种：Peirce 的织物刚柔性评定、FAST 织物风格测量仪、KES-F 型织物风格仪、YG 821 织物风格测量仪。最典型的是 KES-F 型织物风格仪。Peirce 的织物刚柔性评定方法同本章第四节相关内容。

FAST 织物风格测量仪是一种简易的测量仪器，由澳大利亚国际羊毛局研制，用于织物的实物质量控制，它由 FAST-1 压缩弹性仪、FAST-2 弯曲性能仪、FAST-3 拉伸性能仪及 FAST-4 织物尺寸稳定试验方法组合而成，可分别测定出织物的松弛厚度，表观厚度，剪切刚性，弯曲刚性，5g/cm、20g/cm、100g/cm 拉伸负荷下的伸长率及织物松弛收缩和湿膨胀率等力学特性指标，通过计算机系统绘制面料性能指纹图以评判织物的裁剪缝纫加工性能及服装的成形性。

KES-F 型织物风格仪是已进入实用阶段的一套测试仪器，由四台试验仪器组成，分别为 KES-FB1 拉伸与剪切仪、KES-FB2 弯曲试验仪、KES-FB3 压缩仪和 KES-FB4 表面摩擦及变化试验仪。KES-F 型织物风格仪可以测量织物 6 个特性的 16 个特征值。织物的 6 个特性包括拉伸、剪切、压缩、弯曲、表面切向阻抗及织物结构，并从中归纳出 16 种物理指标：拉伸功 WT，拉伸功恢复率 RT，拉伸线性度 LT，压缩功 WC，压缩弹性 RC，压缩线性度 LC，表观厚度 To，剪切平均滞后矩 2HG、2HG5，剪切刚度 G，弯曲（平均）滞后矩 2HB，平均弯曲刚度 B，平均摩擦系数 MIU，摩擦系数平均偏差 MMD，厚度平均偏差 SMD。另外，还有一个典型的物理量——单位面积重量 W，作为刻画基本风格的物理量。因此，KES－F－F 型织物风格仪不仅仅是一套风格测试仪，还包含了一整套的测试方法。在评定织物的风格时，把织物风格的客观评定分为三个层次，即织物的力学、物理指标，基本风格 HV 和综合风格 THV。基本风格 HV 表示织物的基本性能和基本性格的风格，每一基本风格值划分为 0～10，共 11 个级别，10 为最强，0 为最弱，也就是说，基本风格只有大小强弱之分，没有好坏之分，与用途有关。

☞ 思考题

1. 讨论非织造布、纺织复合物与传统织物的结构差异和性能差异。
2. 分析影响织物拉伸性能的因素。
3. 什么是织物的保形性？它包含哪些内容？
4. 什么是织物的抗皱性与褶裥保持性，二者之间的相互关系是什么？
5. 试述织物悬垂性的定义、测量方法、表征指标以及影响因素。
6. 论述织物起毛起球的过程，织物起毛起球的影响因素有哪些？

第五章　服装用毛皮与皮革

　　早在远古时期，人类就发现兽皮可以用来御寒和防御外来伤害，但生皮干燥后干硬如甲，给缝制和穿用带来诸多不便。史前时期，动物毛皮是当时人类最好的衣料。随着人类科学的进步，制革的方法也不断的完善。如今，毛皮与皮革已成为普通消费者喜爱的服装与服饰材料之一。

　　经鞣制加工后的动物毛皮称为"裘皮"或"皮草"。裘皮是防寒服装理想的材料，花纹自然，绒毛丰满、密集。皮板密不透风，毛绒间的静止空气可以保存大量热量，故有柔软、保暖、透气、吸湿、耐用、华丽高贵的特点。其既可做面料，又可充当里料和絮料。经过加工、处理的光面或绒面皮板称为"皮革"。皮革经过染色处理后可得到各种外观，主要做服装与服饰面料。不同的原料皮，经过不同的加工方法，形成不同的外观风格。

第一节　毛皮

一、天然毛皮

　　天然毛皮是动物毛皮经过后加工而制成，又称裘皮。动物毛皮（俗称生皮）是"裘皮"的原料，经过化学处理和技术加工，转换成柔软御寒的熟皮。

1. 毛皮的结构

　　天然毛皮是由皮板和毛被组成。皮板是毛皮产品的基础，毛被是关键。

　　（1）皮板。皮板的垂直切片在显微镜下观察，可以清楚地分为三层，即表皮层（上层）、真皮层（中层）和皮下组织（下层）。

　　（2）毛被。所有生长在皮板上的毛总称为毛被。毛被由锋毛、针毛、绒毛按一定比例成簇有规律地排列而成，也有的毛被由一种或两种类型的毛组成。

　　①锋毛。锋毛也称箭毛，是毛被中最粗、最长、最直，弹性最好，数量最少的一类毛，占毛被总量的 0.5% ~ 1%，弹性极好，呈圆锥形。

　　②针毛。针毛是毛中较粗、较长、较直，弹性、颜色、光泽均较好的一类毛。针毛长于绒毛，在绒毛上形成一个覆盖层，起到保护绒毛的作用。针毛有一定的弯曲，形成毛被的特殊花弯。针毛的质量、数量、分布状况决定了毛被的美观和耐磨性能，是影响毛被质量的重要因素。

　　③绒毛。绒毛是毛被中最细、最短、最柔软、数量最多的毛。上下粗细基本相同，并带有不同的弯曲。绒毛的颜色较差，色调较一致，占总毛量的 95% 以上，在动物体和外界之

间，形成了一个体温不易散失、外界空气不易侵入的隔热层，这是毛皮御寒的重要因素。

2. 毛皮的加工过程

毛皮加工包括鞣制和染整。

（1）鞣制。鞣制就是将带毛的生皮转变成毛皮的过程。鞣制前，生皮通常需要浸水、洗涤、去肉、软化、浸酸，使生皮充水、回软，除去油膜和污物，分散皮内胶原纤维。鞣制后，毛皮应软、轻、薄，耐热、抗水、无油腻感，毛被松散、光亮，无异味，皮板对化学品和水、热作用的稳定性大大提高，降低了变形，增强了牢度。

（2）染整。染整是对毛皮进行整饰，使毛皮皮板坚固、轻柔，毛被光洁艳丽。对毛皮染色，可以修改或改进毛色。毛皮的整理一般在染色后进行，包括以下主要工序：

加油：适量添加油脂，增加皮板的柔软度和防水性。

干燥：皮板晾至半小时，将皮板向各个方向轻轻拉伸。

洗毛：用干净的硬木锯末与毛皮作用，吸走毛上的污垢，然后再除去锯末。

拉软：用钝刀在皮板显硬的地方推搓，使之柔软。

皮板磨里：对皮板朝外穿用的毛皮及反绒革面的加工。使用磨革机械刮刀机将皮板里面反复研磨，使板面绒毛细密，厚薄均匀，消除或掩盖皮板的缺陷。

毛被整理：将毛梳直或打蓬松，使毛被松散挺直，具有光泽。

3. 毛皮的分类和特征

根据毛被的长短和皮板的厚薄及外观质量，大致可以分为四类。

（1）小毛细皮。是一种毛短而珍贵的毛皮，属于高级毛皮，细密柔软，适合做毛皮帽、长短大衣等。

①紫貂皮。毛皮御寒能力极强。多数貂的针毛内夹有银白色的针毛，比其他针毛粗、长、亮，毛被细软，底绒丰富，质轻坚韧，皮板鬃眼较粗，底色清晰光亮。

②水獭皮。水獭别名水狗。毛皮中脊呈熟褐色，肋和腹色较浅，针毛峰尖粗糙，缺乏光泽，没有明显的花纹和斑点；底绒稠密、细腻、丰富、均匀，不易被水浸透。

③扫雪皮。扫雪别名白鼬、石貂，貌似紫貂。毛皮的针毛呈棕色，中脊黑棕色，绒毛乳白或灰白，冬毛纯白，尾尖黑色，其皮板的鬃眼比貂皮细，毛被的针毛峰尖长而粗，光泽好，绒毛丰厚。

④黄鼬皮。黄鼬别名黄鼠狼，体型似紫貂，毛为棕黄色，腹部色稍浅，针毛峰尖细软，光泽好；绒毛短小稠密，整齐的毛峰和绒毛形成明显的两层；皮板坚韧厚实，防水耐磨。

⑤灰鼠皮。灰鼠脊部呈灰褐色，腹部呈白色，毛密而蓬松，毛多绒厚，夏季毛质明显稀短，冬季皮板丰满。

⑥银鼠皮。银鼠尾尖有黑尖毛，皮色如雪，润泽光亮，无杂毛，针毛和绒毛近齐，皮板绵软，起伏自如。

⑦麝鼠皮。背毛由棕黄色渐至棕褐色，毛尖夹有棕黑色，毛的基部及腹侧毛均为浅灰色，皮厚绒足，针毛光亮，尤以冬皮柔软滑润、品质优良。

除此之外，小毛细皮还包括香狸皮，海狸鼠皮、旱獭皮、水貂皮等。

（2）大毛细皮。指毛长、张幅大的高档毛皮，可用于制作皮帽、长短大衣、斗篷等。

①狐皮。南方产的狐狸皮张幅较小，毛绒短，色红黑无光泽，皮板寡薄干燥；北方产的狐狸皮品质较好，毛细绒足，皮板厚软，拉力强，张幅大，脊部呈红褐色。

红狐皮的毛色棕红，光泽艳丽，毛足绒厚，柔软；沙狐貌似红狐，体型较小，被毛呈暗棕色，腹下与四肢内侧为白色，尾尖呈灰黑色，其夏皮毛色淡红，沙狐皮的张幅较红狐皮小，毛的弹性、耐磨性和色泽都不如红狐皮。

②貉子皮。貉子别名狗灌，脊部呈灰棕色，有间接竹节纹，针毛峰尖粗糙散乱，颜色不一，暗淡无光，绒毛如棉，细密优雅美观，皮板厚薄适宜，拔掉针毛后的貉皮称貉绒皮。

除此之外，还有猞猁皮、獾皮、狸子皮、青猺皮等都属于大毛细皮。

（3）粗毛皮：指毛长并张幅稍大的中档毛皮，可用来制作帽、长短大衣、马甲、衣里、褥垫等。

①羊皮。服装用羊皮主要有三类。

绵羊皮：绵羊的毛被特点是毛呈弯曲状，黄白色，皮板结实柔软，蒙古羊皮板厚，张幅大，含脂多，纤维松弛，毛被发达，毛粗直；西藏羊毛长绒足，花弯稀少，弹性大，光泽好；新疆细羊毛皮板厚薄均匀，纤维细致，毛细密多弯，弹性和光泽好；滩羊毛呈波浪式花穗，毛股自然、光泽柔和、不板结，皮板薄韧。

山羊皮：山羊毛被特点是半弯半直，皮板张幅大，柔软坚韧。小山羊皮也称为猾子皮，皮质柔软。

羔皮：绵羊羔的毛皮，其毛被花弯绺絮多样。如滩羊羔皮毛绺多弯，呈萝卜丝状，色泽光润，皮板绵软；湖羊羔皮毛细而短，毛呈波浪形，卷曲清晰，光泽如丝，毛根无绒，皮板轻软；陕北羊羔皮毛被卷曲，光泽鲜明，皮板结实耐用；青种羊羔皮又称草上霜，被无针毛，整体是绒毛，毛性下扣，左右卷成螺旋状圆圈，每簇毛中心形成微小侧孔隙，绒毛碧翠，绒尖洁白，是一种奇异而珍贵的毛皮。

②狗皮。毛皮特点是毛厚板韧，皮张前宽后窄，颜色甚多。南方狗毛绒平坦，个大板薄，黄色居多；北方狗毛大绒足，峰毛尖长，针毛毛根贯穿真皮，皮板厚壮，拉力强，以杂色居多。

③狼皮。毛皮特点是毛长、绒厚、有光泽，毛色由棕灰到淡黄或灰白都有，皮板肥厚坚韧，保暖性强。

（4）杂毛皮。指皮质稍差、产量较多的低档毛皮，可用于衣、帽及童大衣等。

①猫皮。特点是颜色多样，斑纹优美，由黑、黄、白、灰等正色及多种辅色组合，毛被上有间断或连续的斑点、斑纹或色块，针毛细腻润滑，毛色浮有闪光，暗中透亮。

②兔皮。皮板薄，绒毛稠密，针毛松散、光亮，耐用性差。有本种兔皮、大耳白兔皮、大耳黑油兔皮、獭兔皮、安哥拉兔皮等。

在天然毛皮中，中、细裘皮是使用价值最高的一类，其中貂皮、狐类皮等裘皮，在天然裘皮中颇为珍贵，是耗量最大且最具有代表性的高档品。

以上介绍的毛皮主要品种中，有一些品种属于我国重点野生动物保护之列，按国家有关野生动物保护实施条例，在服装制作中应避免使用此类野生动物毛皮，可选用人工饲养的动物毛皮。

4. 毛皮的质量

毛皮的质量优劣，取决于原料皮的天然性质和加工方法。毛被质量的检测指标有毛被的疏密度、颜色和色调、长度、光泽、弹性、柔软度、成毡性、皮板厚度以及毛被和皮板的结合强度等，通过这些指标综合评定毛皮的质量。

①毛被的疏密度。毛皮的御寒能力、耐磨性和外观质量都取决于毛被的疏密度，毛密绒足的毛皮价值高而名贵。

②毛被的颜色和色调。毛皮的颜色决定了毛皮的价值。野生动物毛皮可以根据毛被的天然花色来区别毛皮的种类，在毛皮生产中，经常采用低级毛皮来仿制高级毛皮，其毛被的花色及光泽越接近天然色调，毛皮的价值就越高。

③毛的长度。毛的长度指被毛的平均伸直长度，它决定了毛被的高度和毛皮的御寒能力，毛长绒足的毛皮防寒效果最好。

④毛被的光泽。毛被的光泽取决于毛的鳞片层的构造、针毛的质量以及皮脂腺分泌物的油润程度。

⑤毛被的弹性。毛被的弹性由原料皮毛被的弹性和加工方法所决定。毛被的弹性越大，弯曲变形后的回复能力越好，毛蓬松而不易成毡。

⑥毛被的柔软度。毛被的柔软度取决于毛的长度、细度，以及有髓毛与无髓毛的数量之比。被毛细而长，则毛被柔软如绵；短绒发育好的毛被光润柔软；粗毛数量多的毛被半柔软。

⑦毛被的成毡性。毛被的成毡现象是毛在外力作用下散乱地纠缠的结果，毛细而长，天然卷曲强的毛被成毡性强。

⑧皮板的厚度。皮板的厚度决定着毛皮的强度、御寒能力和重量，皮板的厚度依毛皮动物的种类而异。

⑨毛被和皮板结合的强度。毛被和皮板结合的强度由皮板强度、毛与板的结合牢度、毛的断裂强度所决定。

二、人造毛皮

随着纺织技术的发展，为了扩大毛皮资源，人造毛皮有了较大的发展。这不仅简化了毛皮服装的制作工艺，降低毛皮产品的成本，增加了花色品种，而且价格较天然毛皮低，并易于保管。人造毛皮具有天然毛皮的外观，在服用性能上也与天然毛皮接近，是很好的裘皮代用品。

（1）针织人造毛皮。针织人造毛皮是在针织毛皮机上采用长毛绒组织织成的。长毛绒组织是在纬平针组织的基础上形成的，用腈纶、氯纶或黏胶纤维为毛纱，用涤纶、锦纶或棉纱为地纱，毛纱的一部分同地纱编织成圈，而毛纱的端头突出在针织物的表面形成毛绒。

通过调整不同毛纱的比例并模仿天然毛皮的毛色花纹进行配色，可以使毛被的结构更接近天然毛皮。这种人造毛皮既有像天然毛皮那样的外观和保暖性，又有良好的弹性和透气性，花色繁多，适用性广。

（2）机织人造毛皮。机织人造毛皮的地布一般是用毛纱或棉纱做经纬纱，毛绒采用羊毛或腈纶、氯纶、黏胶纤维等纺的低捻纱，在长毛绒织机上织成。

（3）人造卷毛皮。针织法生产的卷毛皮是在针织人造毛皮的基础上对毛被进行热收缩定型处理而成的，毛被一般以涤纶、腈纶、氯纶等化学纤维做原料。人造卷毛皮以白色和黑色为主要颜色，表面形成类似天然的花绺花弯，柔软轻便，毛绒整齐，毛色均匀，花纹连续，有很好的光泽和弹性，保暖性、透汽性与天然毛皮相仿。

第二节　皮革

一、天然皮革

经过加工处理的光面或绒面动物皮板称为"皮革"。天然皮革由非常细微的蛋白质纤维构成，其手感温和柔软，有一定强度，且具有透气、吸湿性良好、染色坚牢的特点，主要用做服装和服饰面料。不同的原料皮经过不同的加工方法，能获得不同的外观风格。如铬鞣的光面和绒面皮板柔软丰满，粒面细腻，表面涂饰后的光面革还可以防水，经过染整处理后的皮革可得到各种光泽和外观效果。由于其纤维密度高，故裁剪和缝制后缝线不会产生起裂等问题。

1. 皮革的种类及特征

服装用天然皮革多为铬鞣的猪、牛、羊、麂、蛇皮革等，厚度为0.6~1.2mm，具有透气性、吸湿性良好，染色坚牢，薄软轻的特点。

（1）猪皮革。毛孔圆而粗大，倾斜伸入革内，明显地三点组成一小撮，如图5-1所示，具有特殊风格。其透汽性比牛皮好，较耐折、耐磨，但皮质粗硬，弹性较差，主要用于制作鞋、衣料、皮带、箱包、手套等。

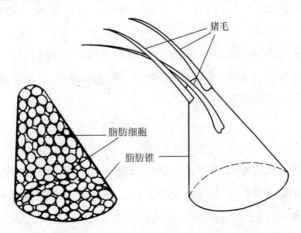

猪毛

脂肪细胞

脂肪锥

图5-1　猪皮革示意图

（2）牛皮革。其分为黄牛皮革和水牛皮革。黄牛皮表面毛孔呈圆形，毛孔密而均匀分散。水牛皮表面毛孔比黄牛皮大，数量比黄牛皮少，表面粗糙，不如黄牛皮细腻。牛皮革强度高，耐折、耐磨，粒面毛孔细密、分散、均匀，表面平整光滑，吸湿透气性好。黄牛皮可制作衣服，鞋子；水牛皮一般用来制作箱包和皮鞋内膛底。

（3）羊皮革。其分为山羊皮革和绵羊皮革。羊皮表面毛孔呈扁圆形斜深入革内，且排列清晰，呈规则性鱼鳞状。山羊皮薄而结实，柔软而富有弹性，粒面紧密、细腻。山羊皮可制作皮装、高档皮鞋、皮手套等。绵羊皮质地柔软，强度较小，粒面细腻光滑。绵羊皮可制作皮装、皮手套等。

（4）麂皮革。麂皮毛孔粗大稠密，皮面粗糙，斑疤较多，不适于做正面革。其反绒革质量上乘，皮质厚实，坚韧耐磨，绒面细密，柔软光洁，透气性和吸水性较好，一般用于服装、鞋、帽、手套、背包等。

（5）蛇皮革。蛇皮的表面有明显的易于辨认的花纹，脊色深，腹色浅。粒面致密轻薄，弹性好，柔软，耐拉折，主要用于服装的镶拼及箱包等。

2. 皮革的质量评定

皮革的优劣和适用性如何，对于皮革服装的选料、用料与缝制关系重大。皮革的质量是由其外观质量和内在质量综合评定的。

（1）外观质量。皮革的外观质量主要是依靠感官检验，包括以下几种指标。

①身骨。指皮革整体挺括的程度。手感丰满并有弹性者称为身骨丰满；手感空松、枯燥者称身骨手瘪。

②软硬度。指皮革软硬的程度。服装革以手感柔韧、不板硬为好。

③粒面细度。指加工后皮革粒面细致光亮的程度。在不降低皮革服用性能的条件下，粒面细则质量好。

④皮面残疵及皮板缺陷。指由于外伤或加工不当引起的革面不良。

（2）内在质量。皮革的内在质量主要取决于其化学、物理性能指标，有含水量、含油量、含铬量、酸碱值、抗张强度、延伸度、撕裂强度、缝裂强度、崩裂力、透气性、耐磨性等。

通常对皮质的选择和使用要求是：质地柔软而有弹性，保暖性强，具有一定的强度，吸湿透气性和化学稳定性好，穿着舒适，美观耐用，染色牢度好，光面服装革要求光洁细致，绒面革则要求革面有短密而均匀的绒毛。

二、人造革

人造革由于有着近似天然皮革的外观，造价低廉，已在服装中大量使用。近年来出现了聚氯乙烯人造革、聚氨酯合成革、人造麂皮的品种，使人造革的质量获得显著改进。

1. 聚氯乙烯人造革

聚氯乙烯人造革是用聚氯乙烯树脂、增塑剂和其他助剂组成混合物后涂覆或黏合在基材上（纺织品中的平纹布、帆布、针织汗布、再生布、非织造布等），再经过适当的加工工艺制成。

聚氯乙烯人造革同天然皮革相比，耐用性较好，强度与弹性好，耐污易洗，不燃烧，不吸水，变形小，不脱色，对穿用环境的适应性强。厚度均匀，色泽纯而匀，便于裁剪缝制，质量容易控制。但是人造革的透气、透湿性能不如天然皮革，因而制成的服装、鞋靴舒适性差。

2. 聚氨酯合成革

聚氨酯合成革由底布和微孔结构的聚氨酯面层所组成，按底布的类型分非织造布底布、机织物底布、针织物底布和多层纺织材料底布四种。

聚氨酯合成革的性能主要取决于聚合物的类型、涂覆涂层的方法、各组分的组成、底布的结构等。其服用性能特别是强度、耐磨性、透水性、耐光老化性等优于聚氯乙烯人造革，柔软有弹性，表面光滑紧密，可以有多种颜色和进行轧花等表面处理，品种多，仿真皮效果好。

3. 人造麂皮

仿绒面革又称为人造麂皮（仿麂皮）。服装用的人造麂皮要求既有鹿皮般细密均匀的绒面外观，又有柔软、透气、耐用的性能，主要的生产方式为对聚氨酯合成革进行表面磨毛处理。用超细纤维非织造布时，先用聚氨酯溶液浸渍，然后在底布上涂覆1mm厚的用吸湿性溶剂制备的聚合物和颜料的混合溶液，成膜后再经表面磨毛处理，就得到了具有麂皮外观和手感的人造麂皮。这种人造麂皮具有很好的弹性和透水透气性，且易洗涤，是理想的绒面革代用品。

思考题

1. 天然皮革如何分类？
2. 天然毛皮有哪几类？各类主要的毛皮品种有哪些？
3. 天然毛皮与皮革的质量优劣如何评定？
4. 市场有哪些毛皮与皮革正在被人们消费？

第六章　服装辅料

在服装的构成中，除了面料外，其他用于服装的材料均为辅料。服装辅料的种类繁多，主要包括服装的里料、絮填料、衬料、垫料、缝纫线、纽扣、拉链、花边、珠片、绳带、商标、标示牌、包装材料等。

在服装中，服装辅料与服装面料同等重要。它不仅决定着服装的造型、手感、风格，而且影响着服装的加工性能、服用性能和价格。在服装设计中，往往因服装辅料的选配不当，降低了整件服装的评价效果。服装辅料的种类很多，性能各异。在选用服装辅料时，必须根据服装的种类、穿着环境、款式造型与色彩、质量档次、服用保养方法与性能等因素，在外观、性能、质量和价格等方面与之匹配。服装辅料选配得当，可以提高服装的质量档次；反之，则会影响服装的整体效果与销售。

服装辅料的生产加工历史悠久，但在我国，服装辅料的大规模工业化生产，是在20世纪80年代才开始的。随着服装业的快速发展，我国大量引进国外先进的服装辅料生产技术和设备，大大促进和提高了服装辅料的生产规模和品质档次。特别是随着科学技术的发展，服装辅料的产品类别和花色品种也日益增多，同时辅料的质量档次和科技含量也得到不断的提高，它们不但基本满足了国内外服装辅料市场的需求，而且还促进了服装品种、质量、生产工艺和生产效率的改进和提高。

为了在服装设计和生产中正确掌握和选用服装辅料，本章将对服装辅料的品种、性能、作用、选配与评价方法加以介绍。

第一节　服装里料及絮填材料

里料是部分或全部覆盖服装内表面的材料，通常称里子或夹里。絮填材料则是填充于服装面料与里料之间的材料。

一、服装里料

（一）里料的作用与种类

1. 里料的作用

服装有无里料以及里料的品种、外观和性能，将对服装的外观、品质和服用性能产生重要的影响。

（1）使服装穿脱方便并舒适美观。大多数里料材质光滑，尤其是袖里料及膝盖绸，可使服装穿脱更加方便。光滑、柔软的里料，穿着舒适度高，特别是一些比较合体的服装，里料的使用可使服装不会因摩擦而发生变形，从而影响美观。

（2）可使服装提高质量档次并获得良好的保型性。里料覆盖了服装的内表面，遮挡了接缝处及其他辅料，可使服装整体外观光滑美观。因此，大多数有里料的服装比无里料的服装档次高。同时，里料能给予服装以附加的支持力，特别是对易拉伸的面料而言，可限制服装的伸长，并减少服装的褶，使服装获得良好的保型性。

（3）使服装保暖并耐穿。带里料的服装能较好地保护服装面料，使面料的反面不会因摩擦而受损。同时，外衣里料也保护了内衣的面料。此外，使用里料的服装，其保暖程度较高。

近年来，随着人们对服装品牌的重视，企业注意了辅料的配套。在定织、定染里料的同时，在里料上常采用大提花织制或印制有品牌或商标的图案或文字。这不但可使里料显得美观和提高服装的档次，同时，也起到了很好的服装品牌宣传作用。

2. 里料的种类

现在常用的是按照里料使用的原料来进行分类，大致可分为以下三类。

（1）天然纤维里料。

①棉布里料。棉布里料吸湿透气性好，穿着舒适，价格便宜；缺点是不够光滑。其主要用于儿童服装、便服、中低档服装。

②真丝里料。真丝里料光滑柔软，质轻美观，舒适性好，但价高，不耐磨，易脱散且加工要求高。其主要用于高档服装。

③羊毛里料。羊毛里料滑糯挺括、保暖美观，舒适性好，品质优，但价格较高，不够光滑。其主要用于秋冬季高档皮革服装。

（2）化学纤维里料。

①黏胶纤维里料。吸湿透气，舒适性好，广泛用做服装里料。

短纤纱制成的人造棉布以及短纤、长丝交织的富纤布，价格便宜，是中低档服装的里料。用黏胶有光长丝织成的人丝绸、美丽绸等里料，光滑，易于热定形，是中高档服装经常采用的里料。

②醋酯纤维、铜氨纤维里料。其光泽度与弹性较好，湿强低，缩水率大，可部分应用于针织服装和弹性服装。

③涤纶或锦纶长丝里料。其坚牢挺括，尺寸稳定，不皱不缩，穿脱滑爽，但吸湿性差，易产生静电，是目前国内外普遍采用的服装里料。

（3）混纺和交织里料。

①涤棉混纺（的确良）里料。吸湿、坚牢挺括、光滑。适用于各种洗涤方法，常用做羽绒服、夹克衫和风衣的里料。

②黏胶长丝与棉纱交织里料。以黏胶有光长丝为经纱与棉纱为纬纱而交织成的斜纹织物被称为羽纱，正面光滑如绸，反面如布。适用于各类秋冬季服装里料。

（二）服装里料的选用原则

（1）里料的质量应与服装的质量相匹配。里料的质量直接影响服装质量，应光滑、耐用，并有好的色牢度。一般而言，里料应较面料轻薄和柔软一些，夏季服装的里料要注意透气性和透湿性，而冬季服装的里料应侧重其保暖性。

（2）里料的性能应与面料的性能相匹配。即里料的缩水率、热缩率、耐热性、耐洗涤性、强度以及重量等性能应与面料相似。此外，里料的防护性能与面料同等重要。

（3）里料的颜色应与面料的颜色相谐调。男装里料的颜色要与面料相同，或在同类色中颜色稍浅。女装里料的颜色亦应与面料谐调，但与男装相比，变化可稍大一些。里料的颜色不能深于面料，以免在穿着摩擦和洗涤后使面料沾色。除非两面穿的服装，里料一般不用面料的对比颜色。

（4）里料的价格直接影响服装的成本。但要注意里料与面料的质量、档次相匹配。

二、服装絮填材料

服装絮填料是填充在服装面料与里料之间的材料。填充絮填料的目的是赋予服装保暖、保温和其他特殊功能（如防辐射、卫生保健等）。

1. 纤维材料

（1）棉花。保暖，吸湿，透气且价格低廉，但棉花弹性差，受压后弹性与保暖性降低，且水洗后难干、易变形。其多用于婴幼儿服装和中低档服装。

（2）动物毛绒。

①羊毛、骆驼绒等。保暖性好，弹性优良，但水洗后易毡化。

②羽绒。主要是鸭绒，也有鹅、鸡、雁等毛绒。羽绒轻且导热系数小，广受欢迎。羽绒的含绒率是衡量保暖性的重要指标。用羽绒絮料时要注意羽绒的洗净与消毒，选用紧密的里料与面料，防止羽绒里扎与外扎。多用于高档冬季防寒服。

（3）丝绵。由蚕茧直接缫出的丝绵是冬季丝绸服装的高档絮填料，轻薄，弹性好，但价格较高，多用于高档服装和被絮。

（4）腈纶。因其轻而保暖，已被广泛用作絮填材料。中空涤纶以其优良的手感、弹性和保暖性而受到广大服装消费者的欢迎。

2. 天然毛皮与人造毛皮

（1）天然毛皮。皮板密实挡风，毛被的粗毛弯曲蓬松，毛中都储有大量相对静止的空气层，保暖性好，为高档防寒服絮填料。

（2）人造毛皮。人造毛皮主要包括机织类的长毛绒和针织类的驼绒，经割绒、拉绒等方式织制而成。织物丰厚且保暖性好，缝制方便。通常置于服装的面料与里料之间，有时也可直接用作具备保暖功能的里料或服装开口部位的装饰沿边设计。

3. 其他絮填料

（1）泡沫塑料。挺括而富有弹性，价格便宜，但不透气，舒适性差，易老化，较多运用于玩具填充料。

（2）混合絮填料。由于羽绒用量大，成本较高。经实验研究表明，以50%的羽绒和50%的0.03～0.056tex涤纶混合使用较好，可使其更加蓬松，提高保暖性，并降低成本。也可采用70%的驼绒和30%的腈纶混合的絮填料。混合絮填料有利于材料特性的充分利用，降低成本和提高保暖性。

第二节　服装衬料与垫料

一、服装用衬料

（一）衬料使用的部位与作用

衬料是指用于面料和里料之间、附着或黏合在面料反面的材料。它是服装的骨骼和支撑，对服装有平挺、造型、加固、保暖、稳定结构和便于加工等作用。

1. 衬料的使用部位

衬料的使用部位主要为复杂的衣领、驳头、前衣片的止口、挂面、胸部、肩部、袖窿、绱袖袖山部、袖口、下摆及摆衩、衣裤的口袋盖及袋口、裤腰和裤门襟等。用衬的部位不同，其目的、作用和用衬的种类也不相同，如图6-1所示（阴影部分为服装用衬的主要部位）。

2. 衬料的作用

（1）使服装获得满意的造型。在不影响面料手感、风格的前提下，借助衬的硬挺度和弹性，可使服装平挺或达到预期的造型效果。例如，服装竖起的立领，可用衬料来达到竖立且平挺的效果；西装的胸衬也可令胸部形态更加饱满；肩袖部用衬料可使服装肩部造型更加立体，同时也可使袖山更为饱满圆顺。

图6-1　服装衬料部位

（2）提高服装的抗皱能力和强度。衣领和驳头部位用衬、门襟和前身用衬均可使服装平挺而抗折皱，这对以轻薄型面料制作的服装尤为重要。使用衬料后的服装，因多了一层衬料的保护和固定，使面料（特别在省道和接缝处）不致在缝制和服用过程中被频繁拉伸和磨损，从而影响服装的外观和穿着时间。

（3）使服装折边清晰、平直而美观。在服装的折边处，例如，止口、袖口及袖衩、下摆边等处用衬，可使这些部位的折线更加笔直分明，从而有效地增加服装的美观性。

（4）保持服装结构形状和尺寸的稳定。剪裁好的衣片中有些形状弯曲、丝缕倾斜的部位如领窝、袖窿等，在使用牵条衬后，可保证服装结构和尺寸稳定；也有些部位如袋口、纽门襟等处，在穿着时易受力拉伸而变形，使用衬料后可使其不易变形，从而保证了服装的形态稳定性和美观性。

（5）改善服装的加工性。服装面料中薄型而柔软的丝绸和单面薄型针织物等，在缝纫过程中，因不易握持而增加了缝制加工的困难程度，使用衬料后即可改善缝纫过程中的可握持性。另外，在上述轻薄柔软的面料上绣花时，因其加工难度大且绣出的花型极不易平整甚至变形，使用衬料后（一般是用纸衬或水溶性衬）即可解决这一问题。

（二）衬料的种类与特点

1. 衬料的分类方法及其种类名称

衬料的分类方法很多，主要有以下几种分类方式。

（1）按原料分。衬料可分为棉衬、毛衬（黑炭衬、马尾衬）、化学衬（化学硬领衬、树脂衬、黏合衬）和纸衬等。

（2）按使用的对象分。衬料可分为衬衣衬、外衣衬、裘皮衬、鞋靴衬、丝绸衬和绣花衬等。

（3）按使用部位分。衬料可分为衣衬、胸衬、领衬和领底呢、腰衬、折边衬和牵条衬等。

（4）按加工方式分。衬料可分为黏合衬与非黏合衬。

（5）按底布（基布）分。衬料可分为机织衬、针织衬和非织造衬。

这是常用且能较全面介绍衬类的方法，也是目前我国衬布企业生产的主要品种，其中绝大多数已应用于服装生产中。

2. 常用衬料的性能特点与应用

（1）棉、麻衬。

①棉衬。本白平纹布（硬衬，上浆；软衬，不上浆），用作一般质量服装的衬布。

②麻衬。硬度大，可满足造型和抗皱要求，多用于西服胸衬、衬衫领、袖等部位。

（2）马尾衬。马尾衬是用马尾鬃作纬纱、以棉纱或涤棉混纺纱作经纱而织成的衬布，因马尾衬主要靠手工或半机械织造，且受马尾长度的限制，故普通马尾衬幅宽一般不超过50cm，主要用于高档西服。

包芯马尾纱做纬纱与棉纱交织而成的马尾衬布，也称作夹织黑炭衬，它较一般的黑炭衬更富有弹性，使用效果更好。

（3）黑炭衬。黑炭衬是以毛纤维（牦牛毛、山羊毛、人发等）纯纺或混纺纱为纬纱，以棉或棉混纺纱为经纱而织成的平纹布，再经树脂加工和定型而成的衬布。黑炭衬主要用于大衣、西服、外衣等前衣片胸、肩、袖等部位，使服装丰满、挺括和具有弹性，并有好的尺寸稳定性。

（4）树脂衬。树脂衬是用纯棉、涤棉或纯涤纶布（机织平纹布或针织物），经树脂整理加工而成的衬布。树脂衬具有成本低、硬挺度高、弹性好、耐水洗、不回潮等特点，广泛应用于服装的衣眉领、袖克夫、口袋、腰及腰带等部位。

手感、弹性、水洗缩率、吸氯泛黄、游离甲醛含量和染色牢度等是树脂衬的主要质量指标。

（5）黏合衬。黏合衬是将热熔胶涂于底布（基布）上制成的衬。使用黏合衬时不需繁复的缝制加工，只需在一定的温度、压力和时间条件下，使黏合衬与面料（或里料）的反面黏合，挺括、美观而富有弹性。

黏合衬一般是按底布（基布）种类、热熔胶种类、热熔胶的涂布方式及黏合衬的用途而进行相应的分类。

①按底布（基布）种类分。

a. 机织黏合衬：衬的底布用机织物，其纤维原料一般为纯棉、涤棉混纺、黏胶纤维、涤黏交织等，一般用于中高档服装。

b. 针织黏合衬：衬的底布用针织物，能满足针织物的弹性需求，分为经编衬和纬编衬，纬编衬一般由锦纶长丝织成，多用于女式衬衫和其他薄性针织服装。

c. 非织造黏合衬：生产简便，不缩水、不脱散、使用方便，主要原料为涤纶、锦纶、丙纶和黏胶纤维。

②按热熔胶种类分。

a. 聚酰胺（PA）衬：良好的黏合性能和手感，耐干洗性能优良。

b. 聚酯（PES）衬：良好的耐水洗和耐干洗性能。

c. 聚乙烯（PE）衬：高密度聚乙烯，有良好的耐水洗性，干洗性能略差，多用于男衬衫。

d. 乙烯—醋酸乙烯（EVA）衬：低密度聚乙烯，耐水洗和耐干洗性均不好，常用于暂时性黏合衬布。

e. 聚氯乙烯（PVC）衬：有较低的熔融温度和良好的黏合能力，用于低档服装。

③按热熔胶涂布方式分。

a. 撒粉黏合衬：胶粒大小分布不匀，剥离强度不匀率高，易渗料。

b. 粉点黏合衬：粉点大小分布均匀，黏合效果好。

c. 浆点黏合衬：胶点分布均匀，黏合效果好。

d. 双点黏合衬：生产难度大，黏合质量好，档次高。

④黏合衬使用注意事项。黏合衬质量的好坏表现在内在质量和外在质量两个方面。其中，内在质量包括剥离强度、水洗和熨烫后的尺寸变化、水洗和干洗后的外观变化等。外观质量即衬布表面疵点，又分为局部性疵点和散布性疵点两大类。具体来说，黏合衬使用时应注意。

a. 黏合牢固，达到一定的剥离强度，洗后不脱胶，不起泡。

b. 缩水率和热缩率要小，衬和面料的缩率一致。

c. 压烫后不损伤面料，并保持面料的手感和风格。

d. 透气性良好、具有抗老化性。

e. 有良好的可缝性与剪切性。

（6）其他衬料。

①腰衬。腰衬用于裤腰和裙腰的衬布，主要作用是：硬挺、保形、防滑和装饰。

②组合衬。为了达到男、女高档西服前衣片的立体造型丰满效果，要对盖肩衬、主胸衬和驳头衬等进行工艺处理。先由衬布生产厂按照标准的服装号型尺寸，制作各种前衣片用衬的样板，并依样板严格裁制主胸、盖肩等黑炭衬或马尾衬，将胸衬、牵条衬及其他衬布组合，

并按工艺要求加工而成组合衬。

③牵条衬。其又称嵌条衬，用于易变形部位，如袖窿、领窝、接缝等部位，主要起牵制、加固补强、防止脱散和折边清晰的作用。

④领底呢。其又称底领呢，是高档西服的领底材料，领底呢的刚度与弹性极佳，可使西服领平挺、富有弹性而不变形。领底呢有各种厚薄与颜色，使用时应与面料协调配伍。

⑤纸衬与绣花衬。在轻薄柔软、尺寸不稳定的材料上绣花时，也可用纸衬来保证花型的准确和美观。根据这些要求研制了一种在热水中可以迅速溶解而消失的水溶性非织造衬（又名绣花衬），它是由水溶性纤维（主要为聚乙烯醇纤维）和黏合剂制成的特种非织造布，主要用作水溶性绣花衣领和水溶花边等。

（三）服装衬料的选用原则

1. 与服装面料的性能相匹配

包括服装面料的颜色、重量、厚度、色牢度、悬垂性、缩水性等。

2. 与服装造型的要求相协调

根据服装的不同设计部位及要求，选择相应类型、厚度、重量、软硬、弹性的衬料，并在裁剪时注意衬布的经纬向，以准确完美地达到服装设计造型的要求。

3. 有利于服装的使用和保养

服装衬料要适应着衣环境与使用保养方法。常接触水或需经常水洗的服装，就应选择耐水洗的衬料，而毛料外衣等需干洗的服装，应选择耐干洗的衬料。同时应考虑到服装洗涤的整理熨烫，衬料与服装面料在尺寸稳定性方面都应具备很好的配伍性。

4. 要考虑制衣设备条件及衬料的成本

在满足服装设计造型要求的基础上，应本着尽量降低服装成本的原则来进行选配，以提高企业经济效益。

二、服装用垫料

服装垫料是指在服装的特定部位，用以支撑或铺衬，使该特定部位能够按设计要求加高、加厚、平整、修饰等，以使服装穿着达到合体挺拔、美观、加固等效果的材料。

1. 垫料的主要种类与应用

垫料是用来保证服装的造型和弥补人体体型的不足。就其在服装中使用的部位不同，垫料有肩垫、胸垫（胸绒）、袖山垫、臀垫、兜（袋）垫及其他特殊用垫等，其中肩垫和胸垫是服装用主要的垫料品种。

（1）肩垫。俗称攀丁，用于肩部的衬垫。一般而言，肩垫大致可分为三类。

①针刺肩垫。用棉、腈纶或涤纶为原料，用针刺方法将材料加固而成，弹性、保形性好，多用于西服、军服、大衣等。

②热定形肩垫。用模具加热定形制成，尺寸稳定、耐用，多用于风衣、夹克衫和女套装等服装上。

③海绵及泡沫塑料肩垫。通过切削或用模具注塑而成，价格便宜，但弹性、保形性差，

外层包布后用于一般的女装、女衬衫和羊毛衫上。

（2）胸垫。也称胸绒，主要用于西服和大衣等服装前胸夹里内，以保证服装的立体感和胸部的饱满度，还可使服装的弹性好、挺括丰满、造型美观，并具有良好的保型性，广泛用于西服加工中。

2. 服装垫料的选择

在选配垫料时，主要依据服装设计的造型要求、服装种类、个人体型、服装流行趋势等因素来进行综合分析运用，以达到服装造型的最佳效果。

第三节　服装紧固材料

一、纽扣

1. 纽扣的种类与特点

纽扣的大小、形状、花色、材质多种多样，因而纽扣种类繁多，现就其结构与材料分类做简单说明。

（1）按纽扣的结构分。

①有眼纽扣。在纽扣的表面中央有四个或两个等距离的眼孔，以便用线手缝或钉扣机缝在服装上。其中正圆形纽扣量大面广，四眼扣多用于男装，两眼扣多用于女装。

②有脚（柄）纽扣。在扣子的背面有凸出的扣脚（柄），其上有孔眼，或者在金属纽扣的背面有一金属环，以便将扣子缝在服装上。

③编结纽扣。用服装面料缝制布带或用其他材料的绳、带经手工缠绕编结而制成的纽扣。这种编结扣有很强的装饰性和民族性，多用于中式服装和女时装。

④揿纽（按扣）。广泛使用的四合扣是用压扣机铆钉在服装上的。揿纽一般由金属（铜、钢、合金等）制成，亦有用合成材料（聚酯、塑料等）制成的。揿纽是强度较高的扣紧件，容易开启和关闭，耐热耐洗耐压。

（2）按纽扣的材料分。

①树脂扣。树脂扣有良好的染色性，色泽鲜艳，能耐高温（180℃）熨烫，并可在100℃热水中洗涤1h以上，其耐化学品性及耐磨性均好，所以广泛应用于中高档服装。

②ABS注塑及电镀纽扣。ABS为热塑性塑料，具有良好的成型性和电镀性能，制成的纽扣美观高雅，有极强的装饰性。

③电玉扣。硬度高，结实耐磨，又有较好的耐热性，耐干洗，不易变形和损坏，价格便宜，被广泛地应用于中低档服装上。

④胶木扣。胶木扣价格低廉，耐热性好，光泽差，是目前低档服装用扣。

⑤金属扣。价格低，装钉方便，被广泛采用，用在牛仔服、羽绒服、夹克衫等服装上。

⑥有机玻璃扣。有机玻璃扣具有晶莹闪亮的珠光和艳丽的色泽，极富装饰性，表面不耐磨，易划伤，而且不耐高温和不耐有机溶剂。因此，它多用于女时装上。

⑦塑料扣。易脆而不耐高温，不耐有机溶剂。价格便宜并有多种颜色可选用，多用于低档女装和童装。

⑧木扣和竹扣。木扣耐热，耐洗涤，符合天然、环保要求，多用于环保服装和麻类服装上。木扣的缺点是吸水膨胀后再晒干时，可能出现变形与裂损。竹扣与木扣的性能相似，但其吸水变形情况要好些。

⑨贝壳扣。用各类贝壳制成的纽扣，有珍珠般的光泽，并有隐约的花纹。坚硬、耐高温、耐洗涤，也是天然、环保型的纽扣。小型贝壳扣广泛用于男女衬衫和内衣，经染色的贝壳扣广泛用于高档时装。

⑩织物包覆扣与编结扣。用服装面料（各种纺织品，人造革与天然皮革）包覆而成的包覆扣，可使服装高雅而协调，常用于流行女装或皮装。编结扣则可使服装具有工艺性和民族性。

⑪组合扣。用两种及以上材料组合起来的纽扣。如用 ABS 与人造玉石、人造珍珠组合，金属件与树脂组合，以及树脂与 ABS 组合等。组合扣高雅富丽，常用于男衬衫袖扣和高档西服及女时装。

⑫其他纽扣。在纽扣的新产品开发中，亦有少量具有特殊性能的纽扣，如有香味、夜光等纽扣等。

2. 纽扣的选配

选配纽扣与选配其他辅料一样，要求它们在颜色、造型、重量、大小、性能和价格等方面与服装面料相配伍。

（1）纽扣应与服装颜色相协调；纽扣的形状也要与服装款式相协调。

（2）纽扣的大小尺寸和重量应与面料配伍。金属扣用在厚重面料和休闲的服装上。轻薄面料要用轻巧的纽扣，否则容易损坏面料，使服装穿着不平整。

（3）纽扣的性能应与服装穿着保管条件相配伍。高档的毛料服装，因要干洗并高温熨烫，所配用的纽扣不但要耐高温并要耐有机溶剂；衬衫、内衣及儿童服装要耐水洗，宜轻薄。

（4）纽扣选择应考虑经济性，扣应与服装面料的价格相匹配。

二、拉链

拉链用作服装的扣紧件时，既操作方便，又简化了服装加工工艺，因而使用广泛。

1. 拉链的结构

如图 6-2（a）所示，拉链由底带 1、边绳 2、头掣 3、拉链牙 4、拉链头 5、把柄 6 和尾掣 7 构成。如图 6-2（b）所示，在开尾拉链中，还有插针 8、针片 9 和针盒 10 等。

拉链牙是形成拉链闭合的部件，其材质决定着拉链的形状和性能。头掣和尾掣用以防止拉链头、拉链牙从头端和尾端脱落。边绳织于拉链底带的边缘，作为拉链牙的依托。而底带衬托拉链牙并借以与服装缝合。底带由纯棉、涤棉或纯涤纶等纤维原料织成并经定型整理，其宽度则随拉链号数的增大而加宽。

拉链头用以控制拉链的开启与闭合，其上的把柄形状多样而精美，既可作为服装的装饰，

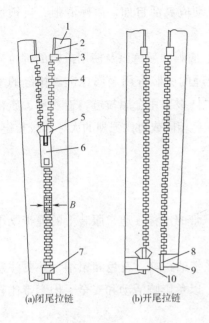

(a)闭尾拉链　　　(b)开尾拉链

图 6-2　拉链结构图

又可作为商标标识。拉链是否能锁紧，则靠拉链头上的小掣子来决定。插针、针片和针盒用于开尾拉链。在闭合拉链前，靠针片与针盒的配合将两边的带子对齐，以对准拉链牙和保证服装的平整定位。而针片用以增加底带尾部的硬度，以便针片插入针盒时配合准确与操作。拉链的号数由拉链牙齿闭合后的宽度 B 的毫米数而定，如图 6-2（1）所示。如拉链闭合后 $B=5cm$，则该拉链的号数为 5 号。号数越大，说明拉链牙越粗，扣紧力越大。

2. 拉链的种类

拉链可按其结构形态、加工工艺和构成拉链牙的材料进行分类。

（1）按拉链的结构形态分。

①闭尾拉链（常规拉链）。有一端或两端闭合。一端闭合用于裤子、裙子和领口等，两端闭合拉链则用于口袋等。

②开尾拉链（分离拉链）。主要用于前襟全开的服装（如滑雪服、夹克衫及外套等）和可装卸衣里的服装。

（2）按拉链的加工工艺分。

①金属拉链。用金属压制成牙以后，经过喷镀处理，再连续排装于布带上。金属（铜、铝等）拉链用此法。

②注塑拉链。用熔融状态的树脂或尼龙注入模内，使之在布带上定型成牙而制成拉链。由于这些树脂（聚甲醛等）或尼龙可染色，所以可制成牙与布带同色的拉链，以适应不同颜色的服装。这种拉链较金属拉链手感柔软，耐水洗且牙不易脱落，运动服、羽绒服、夹克衫和针织外衣等普遍采用。

③螺旋拉链（圈状拉链）。这种拉链是用聚酯或锦纶丝呈螺旋状缝织于布带上。拉链表面圈状牙明显的为螺旋拉链。

④隐形拉链。将圈状牙隐蔽起来的即为隐形拉链，轻巧、耐磨而富有弹性，也可染色，普遍用于女装、童装、裤子、裙装及 T 恤衫等服装上。特别是尼龙丝易定型，可制成小号码的细拉链，用于轻薄的服装上。

（3）接拉链牙的材料分。

按拉链牙的材料，拉链又可分为金属拉链（铜、铝、锌等）、树脂（塑胶）拉链、聚酯（聚甲醛、聚酯等）、尼龙拉链等。

3. 拉链的选择

（1）通过外观和功能的质量选择拉链。拉链应色泽纯净，无色斑、污垢，无折皱和扭曲，手感柔和并啮合良好。针片插入、拔出及开闭拉动应灵活自如，商标清晰，自锁性能可靠。

（2）根据服装的用途、使用保养方式、服装厚薄、面料的颜色以及使用拉链的部位来选择拉链。常水洗的服装最好不用金属拉链，需高温处理的服装宜用金属拉链。拉链的颜色（底带与拉链牙）应与服装面料颜色相同或相协调。牛仔服要用金属拉链，连衣裙、旗袍及裙子以用隐形拉链为好。色彩鲜艳的运动服装最好用颜色相同或对比强烈的大牙塑胶拉链。

三、绳带、尼龙搭扣和钩环

1. 绳带

通常服装辅料中的绳带是指纺织绳带，是绳子和织带的统称。通常服装上的绳带既用于服装固紧，也有很好的装饰作用。

应根据服装的档次、风格、颜色、厚薄等来确定绳带的材料、花色和粗细，并要注意配以相应的饰物。应指出的是，儿童服装不宜多用绳带，以免影响活动和安全。松紧带比较适用于童装、运动装、孕妇装及女内衣等。

2. 尼龙搭扣

尼龙搭扣是由尼龙钩带和尼龙绒带两部分组成的连接用带状织物。钩带和绒带复合起来略加轻压，就能产生较大的扣合力，广泛应用于服装、背包、篷帐、降落伞、窗帘、沙发套等。

3. 钩和环

钩与环是服装中比较常见的紧固辅件之一，它们由一堆紧固件的两个部分组成，一般由金属加工而成，也有用树脂或塑料等材料制作的。这些辅料主要用于可调节的裙腰、裤腰、女士文胸、腰封等不宜钉扣及开扣眼的部位。

第四节　服装用缝纫线

一、缝纫线的种类与特点

缝纫线有多种分类方法，最常用的是按其所用的纤维原料进行分类。

按缝纫线原料分，缝纫线可分为天然纤维缝纫线、合成纤维缝纫线、天然纤维与合成纤维混合缝纫线三类。

1. 天然纤维缝纫线

（1）棉缝纫线。具有较高的拉伸强力，尺寸稳定性好，线缝不易变形，并有优良的耐热性，能承受200℃以上的高温，适于高速缝纫与耐久压烫。但其弹性与耐磨性较差，容易受到潮湿与细菌的影响。

（2）丝线。可以是长丝或绢丝线，具有极好的光泽，其强度、弹性和耐磨性能均优于棉线，适用于丝绸服装及其他高档服装的缝纫，是缉明线的理想用线。

2. 合成纤维缝纫线

合成纤维线的主要特点是拉伸强度大，水洗缩率小，耐磨，并对潮湿与细菌有较好的抵抗性。由于其原料充足，价格较低，可缝性好，是目前主要的缝纫用线。

（1）涤纶线。涤纶强度高、耐磨、耐化学品性能好，价格相对较低，因此涤纶缝纫线已占主导地位。

（2）锦纶线。锦纶缝纫线主要有长丝线、短纤维线和弹力变形线三种。一般用于缝制化学纤维面料、呢绒面料。它与涤纶线相比，具有强伸度大、弹性好的特点，且更轻，但其耐磨和耐光性不及涤纶。

（3）腈纶线与维纶缝纫线。腈纶由于有较好的耐光性，且染色鲜艳，适用于装饰缝纫线和绣花线（绣花线比缝纫线捻度约低20%）。维纶线由于其强度好，化学稳定性好，一般用于缝制厚实的帆布、家具布等，但由于其热湿缩率大，缝制品一般不喷水熨烫。

二、缝纫线的质量与可缝性

1. 缝纫线的质量要求

优质缝纫线应具有足够的拉伸强度和光滑无疵的表面，条干均匀，弹性好，缩率小，染色牢度好，耐化学品性好，具有优良的可缝性。

2. 缝纫线的可缝性

缝纫线可缝性是缝纫线质量的综合评价指标。它表示在规定条件下，缝纫线能顺利缝纫和形成良好的线迹，并在线迹中保持一定的机械性能。由此可见，缝纫线可缝性的优劣，将对服装生产效率、缝制质量及服装的服用性能产生直接的影响。

三、服装用缝纫线的选用原则

1. 面料种类与性能

缝纫线与面料的原料相同或相近，才能保证其缩率、耐化学品性、耐热性等相配伍，以避免由于线与面料性能差异而引起的外观皱缩弊病。

2. 服装种类和用途

选择缝纫线时，应考虑服装的用途、穿着环境及保养方式。

3. 接缝与线迹的种类

多根线的包缝，需用蓬松的线或变形线，对于400类双线线迹，则应选择延伸性较大的线。

4. 缝纫线的价格与质量

缝纫线的选择既影响缝纫产量，又影响缝纫质量。因此，需要合理选择缝纫线的价格与质量。

第五节 其他辅料

除了上述介绍的服装辅料之外，还有一些服装装饰材料（如花边、珠片等）、标识材料（如商标、尺码带等）和包装材料（如纸袋、布袋等）。这些辅料虽小，但是材料和形式多样，不可忽视。

一、服装装饰材料

1. 花边

花边是当今女装和童装中常被采纳的流行时尚元素之一，常用于女时装、裙装、内衣、童装、女衬衫以及羊毛衫等，花边的使用可以提高服装的装饰性和档次。花边分为编织花边、针织花边、刺绣花边和机织花边四大类。

（1）编织花边。编织花边可以根据用户的需要改变花型、规格和牙边的形状。这种花边在各式女装、童装、内衣、睡衣及羊毛衫上应用较多。

（2）针织花边。该类型花边用经编机织制，故亦称经编花边，原料多为锦纶丝、涤纶丝。针织花边轻盈、透明，有很好的装饰性，多用于内衣及装饰物。

（3）刺绣花边。有些高档刺绣花边是将花绣于带织物上，然后将刺绣花边装饰于服装上。而目前应用较多的是用化学纤维丝绣花线将花绣在水溶性非织造底布上，然后将底布溶化，留下绣花花边。这种花边亦称水溶花边，常用于高档女时装或衬衫衣领。

（4）机织花边。该类型花边用提花机织制，使用原料有棉纱线、真丝、锦纶丝、涤纶丝及金银丝等。机织花边质地紧密，立体感强。

2. 珠片

近年来，珠片在服装上应用非常广泛，尤其在礼服、表演装、女装和童装中表现尤为抢眼。

为了服装生产便捷有效，现在市场上的珠片大都被再次设计加工成了各种珠片链、珠片花、珠片衣领、珠片亮片匹布等，大大节省了生产周期，提高了生产效率。

二、服装标识材料

服装标识是服装企业品牌和产品说明的信息载体和说明方式，它主要包括服装的商标、规格标识、洗涤保养标识、吊牌标识等，是非常重要且不能缺少的服装辅料种类。

（1）商标。服装的商标是企业用以与其他企业生产的服装相区别的标记，通常这些标记用文字和图形来表示。服装商标的种类很多，从所用材料看，主要有胶纸、塑料、织物（包括棉布、绸缎等）、皮革和金属等，其制作的方法有印刷、提花、植绒等。商标的大小、厚薄、色彩及价值等应与服装相配伍。

（2）规格标识。服装的规格标识即服装号型尺码带，是服装的重要标识之一。我国对服装有统一的号型规格标准，它既是服装设计生产的依据标准，也是消费者购买服装时的重要参考。服装的规格标识一般用棉织带或化学纤维丝缎带制成，说明服装的号型、规格、款式、颜色等。

（3）洗涤保养标识。服装的洗涤保养标识是消费者在穿着后对服装进行洗涤保养的重要参考依据，它不仅关系到服装正确的保养方法，还可有效地提高服装的持久可穿性，有效降低因洗涤保养不当而造成的投诉和纠纷，为服装营造一个良好的服用环境。

（4）吊牌标识。服装的吊牌标识是企业形象的另一个名片，因为在服装的吊牌上印刷有企业名称、地址、电话、邮编、注册商标等重要信息。吊牌的材料大都采用纸质、塑料、金属、织物等。

三、服装包装材料

服装包装是服装整体形象的一个重要环节。服装包装已成为服装品牌宣传和推广的重要手段之一，直接影响服装的价值、销路和企业形象，因此服装包装材料是服装材料中不可缺少的必要组成部分。一般情况下，服装包装可分为内层包装、外层包装和终端包装。

（1）内层包装。主要作用是保持服装数量便于清点和运输，是服装储存、运输的重要保障。

（2）外层包装。一般采用瓦楞纸箱、木箱、塑料编织袋三种方式，这主要是为了便于运输、储存。此外还要采取相应的防潮措施，以防服装受潮而影响质量。

（3）终端包装。是指服饰用购物袋，主要用于展示服装品牌和形象宣传，同时便于消费者买后携带。

总之，服装辅料关系到服装的整体效果，使用得当，将有利于提高服装的舒适度，并利于终端销售。

☞ 思考题

1. 服装辅料有哪些主要种类？它们在服装中有何作用？应该如何合理地选择这些辅料？

2. 分别阐述服装衬料和里料的种类、特点及其适用性。

3. 收集具有代表性的服装紧固件，说明它们的区别、特点及适用的服装和部位。

4. 在你自己的服装上统计一下都有哪些服装辅料？并评述它们在服装穿用过程中的作用及优缺点。

5. 请收集10个以上服装商标、吊牌，并加以评论。

6. 列举一套西装所选用的各种辅料，并说明它们的特性和所起的作用。

第七章　服装及其材料的标识与保养

第一节　服装纤维含量的标识

在服装的生产、流通、消费和保养过程中，服装生产者有义务以规范的形式对其服装产品进行正确的标识，如准确标明服装号型、纤维含量和保养说明等，以利于服装销售者认知产品，帮助服装消费者了解服装产品，从而能够正确地消费和保养服装。

凡在国内市场上销售的纺织品和服装，其纤维含量的标识都应符合我国国家标准的规定；出口产品应根据出口国的要求或合同约定进行标注。

服装纤维种类及其含量是服装标识的重要内容之一，也是消费者购买服装制品的关注点。因此，正确标识服装产品的纤维名称及纤维含量，对保护消费者的权益、维护生产者的合法利益、打击假冒伪劣产品、提供正确合理的保养方法等有着重要的实际意义。

一、纤维含量表示的范围

国家标准《消费品使用说明　第4部分　纺织品和服装使用说明》（GB 5296.4—2012），对纺织品和服装的使用说明提出了具体要求。规定国内市场上销售的纺织品（包括纺织面料与纺织制品）和服装以及从国外进口的纺织品和服装的纤维含量表示都适用此标准。

二、纤维名称的标注

GB/T 4146—2009 规定了工业化生产的各种化学纤维的名称、代码及其主要特征。

GB/T 11951—1989 规定了纺织用天然纤维的名称和定义。

纤维名称的标注，既不应使用商业名称标注，也不允许用外来语等标注，还要注意纤维名称不应与产品名称混淆。例如，仿羊绒产品，其纤维含量应标明其真实的纤维种类，如羊毛仿羊绒应标为羊毛、腈纶仿羊绒应标为腈纶，而不能标羊绒。

三、纤维含量的表示（GB/T 29862—2013 纺织品纤维含量的标识）

1. 纤维含量的计算

纤维的含量以该纤维的量占产品或产品某部分的纤维总量的百分率表示，宜标注至整数位。

对于成衣来讲，所指的面料纤维含量是指构成面料的该种织物本身所含有的纤维种类及其比例，并非指面料中该种纤维重量占整件服装重量的百分比。

2. 纤维含量的标注

（1）纯纺材料。仅含有一种纤维成分的产品，在纤维名称的前面或后面加"100%""纯"或"全"表示（示例1）。

示例1：

（a）100%棉；（b）纯棉；（c）全棉。

（2）混纺及交织材料。

①两种及两种以上纤维组分的产品，一般按纤维含量递减顺序列出每一种纤维的名称，并在名称的前面或后面列出该纤维含量的百分比（示例2）。当产品的各种纤维含量相同时，纤维名称的顺序可任意排列（示例3）。

示例2：

（a）	60%　棉 30%　聚酯纤维 10%　锦纶	（b）	棉　　　　60% 聚酯纤维　30% 锦纶　　　10%

示例3：

（a）	50%　棉 50%　黏胶纤维	（b）	棉　　　　50% 黏胶纤维　50%

②含量≤5%的纤维，可列出该纤维的具体名称，也可用"其他纤维"来表示（示例4）；当产品中有两种及以上含量≤5%的纤维且其总量≤15%时，可集中标为"其他纤维"（示例5）。

示例4：

（a）	60%　棉 36%　聚酯纤维 4%　　黏胶纤维	（b）	60%　棉 36%　聚酯纤维 4%　　其他纤维

示例5：

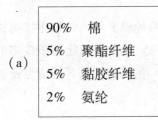

（a）	90%　棉 5%　　聚酯纤维 5%　　黏胶纤维 2%　　氨纶	（b）	90%　棉 10%　其他纤维

③含有两种及两种以上化学性质相似且难以定量分析的纤维，列出每种纤维的名称，也可列出其大类纤维名称，合并表示其总的含量（示例6和示例7）。

示例6：

> 70%　棉
> 30%　莱赛尔 + 黏胶纤维

示例7：

> 100%　再生纤维素纤维

（3）有里料的产品。带有里料的产品应分别标明面料和里料的纤维名称及其含量（示例8）。如果面料和里料采用同一种织物可合并标注（示例9）。

示例8：

> 面料：80%羊毛/20%聚酯纤维
> 里料：100%聚酯纤维

示例9：

> 面/里料：65%棉/35%聚酯纤维

（4）含有填充物的产品。对含有填充物的产品，应分别标明面料、里料和填充物的纤维名称及其含量（示例10），羽绒填充物应标明羽绒的品名和含绒量（或绒子含量）（示例11）。

示例10：

> 面料：80%羊毛/20%聚酯纤维
> 里料：100%聚酯纤维
> 填充物：100%羊毛

示例11：

> 面料：700%棉/30%锦纶
> 里料：100%聚酯纤维
> 填充物：白鸭绒（含绒量85%）

（5）两种及两种以上不同织物拼接构成的产品。由两种及两种以上不同织物拼接构成的产品应分别标明每种织物的纤维名称及其含量（示例12～示例15），单个织物面积或多个织物总面积不超过产品总面积15%的织物可不标。面料（或里料）的拼接织物纤维成分及含量相同时，面料（或里料）可合并标注。

示例12：

> 前片：80%羊毛/20%腈纶
> 其余：100%腈纶

示例13：

身：100% 棉
袖：100% 聚酯纤维

示例14：

方格：75% 羊毛/250% 聚酯纤维
条形：65% 聚酯纤维/35% 黏胶纤维

示例15：

红色：100% 山羊绒
黑色：100% 羊毛

（6）两层及以上材料构成的多层产品。由两层及两层以上材料构成的多层产品可以分别标明各层的纤维含量；也可作为一个整体，标明何种纤维含量（示例16）。

示例16：

（a）
外层：60% 棉/40% 黏胶纤维
内层：100% 聚酯纤维
中间层：100% 棉

（b）
60%	棉
25%	聚酯纤维
15%	黏胶纤维

第二节 服装及其材料的洗涤和整烫

服装在生产加工、销售和穿着过程中会被沾污，消费者着装后的沾污更复杂。需采用合适的方式去除污垢。不同的污垢应使用不同的去污方法。合理的去污方法可以减少服装的变形、变色以及对材料的损伤，保持服装的优良外观和性能，从而延长服装的使用寿命。

一、服装的污垢及去渍

1. 污垢的种类

服装的污垢主要来源于两个方面。一是来自于人体，人体在新陈代谢过程中不断向外界排出废物，如皮脂、汗水等；二是来源于生活环中的污垢，如大气灰尘、花粉、饮料、水果、蔬菜、油漆、沥青、化学品等。一般可分为三类。

（1）固体污垢。这类污垢主要是空气中的灰尘、沙土等。固体污垢的颗粒很小，往往与油、水混在一起，黏着或附在服装上。它既不溶于水，也不溶于有机溶剂，但可以被肥皂和洗涤剂等表面活性剂吸附、分散，从而悬浮在水中。

（2）油质污垢。这类污垢是油溶性的液体或半固体，大多是动植物的油脂、矿物油、油漆、树脂、化妆品等，对服装的黏附较牢固，不溶于水，可以溶解于某些有机溶剂或通过表面活性剂的乳化作用洗掉。

（3）水溶污垢。这类污垢主要来自食物中的糖、盐、果汁和人体分泌物。这类污垢易溶于水，可以通过使用洗涤剂洗掉。

纺织品以及服装上的污垢，通常不是单独存在的，它们互相黏结成一个复合体，随着时间的延长，受空气氧化产生更复杂的污垢。

2. 服装与污垢的结合方式

（1）物理结合。大多数污垢往往都是通过洒落、接触、摩擦等方式沾染到衣物上，使衣物变脏，这属于物理性结合。该类污垢较容易洗净，也是生活中通常指的污垢。

大多数衣物都会带有不同的电荷，环境中同时存在着大量的带电粒子。由于带电粒子的吸引作用使外界的物质吸附或沾染到衣物上。在一些特殊情况下由此生成的污垢就成为明显的污垢，而且很有可能成为顽固的渍迹。

（2）化学结合。一些酸类、碱类物质以及药剂等与服装的纤维、染料或纺织品后整理剂等的某些基团发生了化学反应，从而生成了一种新的物质（污垢）。这类污垢一般不易除掉，必须使用氧化剂或还原剂的化学方法进行处理，使污垢变成新的反应生成物，最后通过洗涤才可能脱离衣物。

（3）混合型结合。上述两种污垢的结合方式很少是单独存在的，常常是由不同结合方式的污垢互相混合在一起，成为混合型结合。

3. 服装的去渍

去渍是指应用化学药品加上正确的机械作用去除常规水洗与干洗无法洗掉的污渍的过程。这些污渍往往在服装的局部上造成较严重的污染，除了洗涤以外，需要进行局部去污。有些污渍在水洗与干洗之前较易去除，而有些污渍是在水洗与干洗过程中或水洗与干洗之后经过处理才能去除。污渍的性质决定了应采用哪种去渍剂和去渍方法。

不损坏服装的去渍才是成功的去渍方法，对不同的污渍，要使用不同的化学药品；而不同性质的污渍，其去渍的方法也不一样，需要灵活掌握。常用的去渍方法有以下几种。

（1）喷射法。去渍台（去渍的专用设备）上配备的喷射枪能提供冲击的机械作用力，利用此力的作用可去除水溶性污渍，但需考虑织物结构和服装结构的承受能力。

（2）揩拭法。揩拭法是使用刷子、刮板或包裹棉花的细布等工具，来处理织物表面上的污渍，使之脱离织物。

（3）浸泡法。浸泡法适用于那些污渍与织物结合紧密、沾污面积大的服装，通过浸泡使化学药品有充分的时间与污渍发生反应。

（4）吸收法。吸收法适用于那些精细、结构疏松、易脱色的织物。

二、服装的洗涤方法

1. 服装的水洗

水洗是以水为载体加以一定的洗涤剂及机械作用力来去除服装上污垢的过程。它能去除服装上的水溶性污垢，简便、快捷、经济，但由于水会使一些服装材料膨胀，加上去污时的机械作用力而导致服装变形、缩水、毡化、褪色或渗色等问题，因此，在水洗前应对服装面料进行甄别。

（1）洗涤条件。

①水。服装水洗的优势在于：水的溶解能力和分散能力强，对无机盐、有机盐都有较强的溶解作用，同时对碳水化合物、蛋白质、低级脂肪酸、醇类等均有良好的溶解、分散能力，使用方便，服装洗后可以较为方便地进行干燥。

②洗涤剂。用于水洗的洗涤剂主要指合成洗涤剂，由表面活性剂和助洗剂两部分组成。它的作用是使污垢从服装材料上分离出来，而且使污垢悬浮或分散在水溶液中，不会再黏着在服装材料上，通过排水、漂洗，达到去除污垢的目的。同时洗涤剂应具有节能和高效的特点，不能损伤服装材料，无毒，对人体没有刺激，生化降解性好，对环境无污染。

a. 表面活性剂。由于表面张力存在于各种液体的表面（或气态与液态的交界面），表面活性剂能够有效地降低表面张力，并可产生润湿、渗透、分散、乳化、增溶等作用，同时具有两亲（亲油、亲水）分子构成。

根据表面活性剂在水中离解出的分子所带有的电荷不同，可分为离子型和非离子型两种，其中离子型表面活性剂又可分成阴离子、阳离子和两性型表面活性剂。在洗衣业，除了两性型表面活性剂不使用，其他三种表面活性剂都在不同工序和不同要求中使用。

阴离子表面活性剂：阴离子表面活性剂大量应用于服装的洗涤技术，如肥皂、洗衣粉、各种洗衣液、去渍剂、干洗助剂等。

阳离子表面活性剂：阳离子表面活性剂主要应用于服装洗涤的后整理。如柔软整理、防水拒水整理、固色整理等。

非离子表面活性剂：非离子表面活性剂在洗衣业单独使用的机会较少。主要在衣物染色、清洗保养皮革衣物时，会选择不同的非离子表面活性剂作为助剂，如匀染剂、缓染剂、润湿剂、渗透剂等。

b. 助洗剂。

无机助洗剂：这类助洗剂溶于水中并离解为带有电荷的离子，吸附在污垢颗粒或织物的表面，有利于污垢的剥离和分散。常用的无机助洗剂有三聚磷酸钠、水玻璃、碳酸钠、硫酸钠、过硼酸钠等。

有机助洗剂：常用的为羧甲基纤维素钠盐，它在洗涤剂中具有防止污垢再沉积的作用。此外，还有荧光增白剂，它是一种具有荧光性的无色染料，吸收紫外线后，会发出青蓝色荧光，吸附在织物上后就可使白色织物洁白，花色织物更为鲜艳。

其他助剂：如酶制剂、色料及香精等。

③机械力。机械力即洗涤衣物时的受力方式和受力强度，不同的洗涤方式采用不同的洗涤方法，有手洗和机洗之分。

④洗涤温度。服装洗涤与其他化学或物理的过程一样，加热可以加速物质分子的热运动，提高反应速率。温度对去污作用的影响是非常明显的，随着洗液温度的升高，洗涤剂溶解加

快，渗透力增强，促进了对污垢的分解作用，也使水分子运动加快，局部流动加强，使固体脂肪类污垢容易溶解成液体脂肪，便于除去。温度每增加10℃，反应速率将加倍，因此在不损伤被洗服装的情况下，尽可能在其能承受的温度上限进行洗涤。

每种衣料都有其适宜的洗涤温度，如纯棉、纯麻织物服装的洗涤温度高，对去污有明显的帮助，而没有什么不良后果；化学纤维织物服装的洗涤温度最好控制在50℃以下，否则会引起折皱；丝织物、毛织物最好控制在40℃以下。各种织物洗涤的适宜温度见表7-1。

表7-1 各种织物洗涤的温度

织物种类	织物情况	洗涤温度	投漂温度
棉、麻	白色、浅色	50~60℃	40~50℃
	印花、深色	45~50℃	40℃
	易褪色	40℃	微温
丝	素色、印花、交织	35℃	微温
	绣花、印染	微温或冷水	微温或冷水
毛	一般织物	40℃左右	30℃左右
	拉毛织物	微温	微温
	改染	35℃以下	微温
化学纤维	各类化学纤维纯纺、混纺、交织物	30℃左右	微温或冷水

⑤洗涤时间。洗涤时间根据污垢的情况和衣物的承受能力确定。一般洗涤时间为8~10min，手工洗涤一般为2~5min/单件衣物。

2. 服装的干洗

干洗的整个过程与水洗十分相似，只是水洗是以水作为洗涤媒介并配以洗涤剂来达到去污的目的，而干洗是利用干洗剂洗涤衣物的一种去污方式。干洗技术的优势主要是能去除服装上的油性污垢，并保持衣物形态或颜色基本不变。

（1）干洗剂与助剂。干洗剂种类很多，就外形来看，有膏状与液态两种。膏状多用于局部油污的清洗，而对于整体衣料洗涤，需用液体干洗剂。液体干洗剂的基本组分为干洗溶剂和干洗助剂两部分。

①干洗溶剂。干洗溶剂主要为四氯乙烯干洗溶剂和碳氢干洗溶剂。四氯乙烯干洗溶剂可溶解物质范围比较广，能够溶解各种油脂、橡胶、聚氯乙烯树脂等；碳氢干洗溶剂溶解范围相对较窄。

②干洗助剂。干洗助剂中主要含有阴离子表面活性剂、非离子表面活性剂、有机溶剂和水。它与干洗溶剂要有一定的兼容性，才能够起到在干洗条件下去除水溶性污垢的作用。

（2）干洗设备。干洗的设备就是干洗机。干洗机利用干洗剂去污能力强、挥发温度低的特点，通过各部件的功能来洗涤衣物、烘干衣物和冷凝回收洗涤剂，使洗涤剂能够循环反复使用。

（3）干洗中易出现的问题。

①附件溶解或脱落。由于干洗溶剂溶解范围包括一些橡胶、树脂等有机物，所以在干洗时可能把衣物上的纽扣、拉链头、服装标牌、松紧带、小饰物等附件溶解。附件溶解后大多数还会造成对衣物的沾染，把面料沾染上颜色。对于这类衣物的附件，需要在干洗前检查分类时捡出。

②带有涂层的面料变硬发脆。在现代流行面料中，有许多带有合成树脂涂层，干洗过程中会发生部分成分溶解，使涂层变硬发脆。

③衣物收缩变形、掉色。在一定条件下，干洗后的衣物依然可能出现收缩变形和掉色的现象。

三、服装的整烫

服装及其材料在加工、穿着及洗涤过程中会产生形变（如起拱、皱痕、局部产生极光、收缩、歪斜等），服装的熨烫是根据织物的热塑性原理，利用熨斗的工艺手段，对衣料进行热压定形或汽蒸的回复处理，达到衣身平整、折线分明、外观挺括而富有立体感的良好状态。

1. 熨烫基本原理

熨烫，实际上是一种热定形加工，即利用服装材料在热或热湿条件下拆散分子内部的旧键，使可塑性增加，具有较大的变形能力，经过压烫后冷却，便在新的位置建立平衡，并产生新键，而将形状固定下来。这种定形的持久程度往往是相对的，所谓耐久定形，也只是指在一定条件下，其形状能稳定保持较长时间而已。一般对亲水性纤维来说，热定形的持久性差，往往水洗后便消失，如棉、毛、黏胶纤维等制品。对疏水性纤维来说，热定形处理后，形状稳定性较好，表现出良好的洗可穿性能，如涤纶等。为了达到热定形目的，熨烫时必须具备四个基本要素。

（1）热能。一般纤维都有热塑性，对亲水的天然纤维来说，被水润湿后，能够增加可塑性。熨烫便是利用其湿热可塑性，通过加热、加湿、加压来完成定形。对疏水的合成纤维来说，水不会增加其热塑性，主要靠热可塑性来加热定形。

（2）水分。熨烫可以分为干烫和湿烫两种方法。水分能使分子间以及纤维间、纱线间的摩擦力减小，增加面料的变形能力，即增加可塑性，所以熨烫时经常需要面料上含有一定的水分。湿度在一定范围内，熨烫定形效果最好，湿度太小或太大都不利于服装的定形。干烫是用熨斗直接熨烫，主要用于遇湿易出水印（如柞丝绸）或遇湿热会发生高收缩（如维纶布）的服装熨烫，以及薄型面料服装的熨烫。

（3）压力。面料在热能、水分的作用下，拆散了旧的分子间力，甚至使有些纤维分子的微结构发生改变，故容易变形。若在此时加一定压力，就能使面料按人们需要的位置与形状固定下来，达到定形的目的；压力过大，会造成服装的极光。因此服装的熨烫压力应根据服装的材料、造型及褶裥等要素确定。

（4）冷却。服装在熨烫过程中经受了热能、水分和压力的作用后，还必须经过冷却，只有冷却干燥后，所建立的分子间力或微结构才能稳定，并在新的平衡位置固定下来。

2. 熨烫的分类

服装的熨烫按照使用工具及设备的不同，可以分为手工熨烫和机械熨烫；按熨烫的工序可分为预烫、加工熨烫、成品熨烫和保养熨烫。

（1）手工熨烫。手工熨烫是人工操作熨斗，在烫台上通过掌握熨斗的方向、压力大小和时间长短等因素使服装（或材料）平服或形成曲面、褶裥等。

（2）机械熨烫。利用各种机械或设备进行熨烫，比手工熨烫效率高且质量统一。完成服装各部位的造型，需要多种模拟人体部位的"模头"，因此整个熨烫工序的熨烫设备台数较多，一般适用于流水线生产的西服、大衣等大型服装厂使用。

服装的熨烫完成后，通过抽湿系统的控制，可使底模形成负压，让空气迅速透过置于其上的服装，从而将服装上的蒸汽和水分随空气一起带走。

第三节　服装及其材料的保管

服装在穿着时，由于人的活动而受到多种力的作用，甚至由于经受反复张弛而产生疲劳。因此，一件服装不宜长期穿着，而应该轮换使用，以便服装材料的疲劳得以恢复。这样，就可保持服装的良好状态，延长服装寿命。此外，对服装保管亦应注意下列事项。

一、防止服装在保管过程中变质

1. 服装发脆

服装发脆是服装保存过程中的主要问题，主要有下列几方面的原因。

（1）蛋白质类纤维构成的服装在保管过程中易被虫蛀，使服装纤维发脆；纤维素纤维构成的服装在空气中水分子作用下易发生霉变，使服装纤维发脆。

（2）整理剂和染料在阳光及空气中水分子的作用下，发生水解和氧化。例如，硫化染料分解释放出的硫酸，会使服装纤维发脆。

（3）整理剂和染料残留物对纤维的影响。例如，残留氯发生氧化作用，使服装纤维发脆。

（4）光或热能也会使纤维发脆。

2. 服装变色

服装在保存过程中易发生变色现象，主要有下列几方面的原因。

（1）空气中氧化物使织物发黄，例如，丝绸织物和锦纶织物的变黄。

（2）整理剂变质而使织物发黄。

（3）在保管环境下由于光或热的作用而使织物发黄。

（4）染料升华导致染色织物褪色。

（5）由于油剂的氧化和残留溶剂的蒸发而导致织物变色。

二、防湿和防霉

由于空气中水分子的存在，纤维素纤维服装在保管期间易出现发霉现象。纤维素在霉菌作用下易发生降解或水解，使纤维变脆；霉菌集中形成霉斑，使织物着色，降低服装的使用价值。在高温多湿环境下，染色织物易发生变色或染料移位等现象。在服装保管过程中，将服装置于干燥的地方或装入聚乙烯袋中可有效避免织物发霉。此外，对织物进行防霉整理也是有效的防霉方法之一。

三、各类服装保管注意事项

1. 棉、麻服装

棉、麻类服装存放入干燥的衣柜或聚乙烯袋之前应晒干，深浅颜色分开存放。衣柜和聚乙烯袋里面可放防潮剂、樟脑丸（用纸包好，不可与衣料直接接触），以防止衣服受潮、受虫蛀。

2. 蛋白质纤维服装

该类服装应放于干燥处。毛绒服装混杂存放时，应该用干净的布或纸包好，以免绒毛沾污其他服装，每月透风 1~2 次，以防虫蛀。

各种呢绒服装以悬挂存放在衣柜内为好。放入箱里时，要把衣服的反面朝外，以防褪色风化，出现风印。

3. 化学纤维服装

再生纤维的服装以平放为好，不宜长期吊挂在柜内，以免因悬垂而伸长。若是与天然纤维混纺的织物，则可放入少量樟脑丸（不要直接与衣服接触）。对聚酯纤维、锦纶等合成纤维的服装，则不需放樟脑丸，以免其中的二萘酚对服装及织物造成损害。

☞ 思考题

1. 服装纤维的含量如何正确地表示和标注？
2. 高档衣服一定要干洗吗？
3. 衣物洗涤时应如何选择正确的洗涤方式？
4. 熨烫时是不是温度越高越好？
5. 服装的保管要注意哪些事项？

第八章　新型纺织服装材料

随着纺织科学技术的发展，近年来纺织纤维更是呈现快速发展态势，涌现出许多新型天然纤维、新型化学纤维、功能纤维，基于这些新型纤维开发出的纺织品体现出多元化、环保型、功能性的纺织制品。

第一节　新型天然纤维服装材料

一、新型纤维素纤维

1. 彩棉

彩色棉是天然生长的非白色的棉花，它是利用现代生物工程技术培育出的一种吐絮时棉纤维就具有绿、棕等天然彩色的棉花。天然彩色棉花制成的纺织品，在整个纺织过程中不需要印染，避免了整个印染过程中的污染和能源消耗，是真正意义上的绿色环保产品。

彩色棉因其天然性、环保性，制品色泽柔和、自然、典雅，风格上以休闲为主。服饰品庄重大方又不失轻松自然，家纺类产品温馨舒适而又给人以返璞归真的感受，市场反应良好。目前，彩色棉制品的缺点是色彩黯淡、单调，品种变化少，所以今后的发展方向就是，研究培育出新的色彩类型，并在色素稳定性方面有重大突破。

2. 大麻

大麻是植物纤维中的韧皮纤维，又称为汉麻、火麻。大麻纤维具有优良的吸湿透气性能、抗静电性能、防紫外线性能；大麻织物与其他麻类相比无刺痒感；同时其耐热、耐晒和耐腐蚀性能较好。大麻面料及其服装以其天然的舒适性和特有的保健性能成为消费者的最佳选择。

二、新型蛋白质纤维

1. 改性羊毛

（1）丝光与防缩羊毛。通过化学处理将羊毛的鳞片剥除，消除因表面鳞片层引起的定向摩擦效应。而丝光羊毛比防缩羊毛剥取的鳞片更多、更彻底，两种羊毛生产的毛纺产品均能达到防缩、机可洗效果，丝光羊毛的产品光泽更亮丽，有丝般光泽；手感更滑糯，有羊绒感，被誉为"仿羊绒的羊毛"。

（2）超卷曲羊毛。又称膨化羊毛，羊毛膨化的改性技术起源于新西兰羊毛研究组织的研究成果。羊毛条经拉伸、加热（非永久定型）、松弛后则收缩。膨化羊毛编织成衣在同等规格的情况下可节省羊毛约20%；并提高服装的保暖性，手感更蓬松柔软，服用舒适。膨化羊毛与常规羊毛混纺可开发膨松或超膨松毛纱及其针织品。为毛纺产品轻量化，开发休闲服装、运动服装创造条件。

（3）拉细羊毛。为了满足对春夏服装羊毛面料的要求，织物需要由高支纱织制而成，纤维的表面光泽也需要改变，而要使羊毛变细可以采取腐蚀羊毛表面和把羊毛拉细两种方法。前者主要是用于丝光羊毛和防缩羊毛的加工。澳大利亚联邦工业与科学研究院研制成功了羊毛拉细技术，1998 年投入工业化生产并在日本推广，细度下降约 20%。拉细羊毛具有丝光、柔软效果，其价值成倍提高。

拉细羊毛产品轻薄、挺括、滑爽、悬垂性好，风格独特，兼有蚕丝和羊绒的优良特性，是一种具有高附加值的高档服饰面料。

（4）彩色毛。世界最大产毛国澳大利亚通过配种繁殖了彩色绵羊，繁殖数代后羊毛没有褪色且毛质优良。其他原本带有天然颜色的动物毛，如羊绒类的青绒、紫绒，驼色的骆驼绒，咖啡色的牦牛绒，也应得到很好利用。

2. 蜘蛛丝

蜘蛛丝是一种天然高分子蛋白纤维和生物材料。其具有很高的强度、弹性、伸长、韧性及抗断裂性，同时还具有质轻、抗紫外线、比重小、耐低温的特点，这些优点是其他纤维所不能比拟的。由于蜘蛛丝初始模量高、断裂功大、韧性强，所以它是加工特种纺织品的首选原料。蜘蛛丝由蛋白质组成，是一种可生物降解的纤维。

蜘蛛丝的应用：可以应用在军事及民用防护领域，加工成防弹背心和防弹衣，由于蜘蛛丝具备强度高、弹性好、柔软、质轻、断裂功大等优良性能，也可以用于制造坦克和飞机的装甲，以及军事建筑物的"防弹衣"等，还可以用于复合材料和结构改性等方面。此外，蜘蛛丝还可以加工成网具、轮胎、防护材料等。蜘蛛丝还可用于织造太空服等高强度面料。

第二节　新型化学纤维服装材料

一、新型再生纤维

1. 竹纤维

竹纤维可以是一种天然纤维，也可以是以竹子为原料，通过一定技术制成的再生纤维素纤维。竹纤维具有优良的着色性、回弹性、悬垂性、耐磨性、抗菌性，透气性居纤维之首。它又是一种可降解的纤维，在泥土中可完全分解，对环境不造成损害，是一种环保材料。

2. 莱赛尔纤维

莱赛尔是一种再生纤维素纤维，拥有棉的"舒适性"、涤纶的"强度"、毛织物的"豪华美感"和真丝的"独特触感"及"柔软垂坠"，无论在干或湿的状态下，均极具韧性。采用纯天然材料，加上环保的制造流程，让生活方式以保护自然环境为本，完全迎合现代消费者的需求，而且绿色环保，堪称 21 世纪的绿色纤维。

3. 莫代尔纤维

莫代尔纤维是采用欧洲的榉木，先将其制成木浆，再通过专门的纺丝工艺加工成的高湿模量黏胶纤维。该产品原料与棉一样同属纤维素纤维，对人体无害，并能够自然分解，对环境无害，纤维的整个生产过程中也没有任何污染。

莫代尔纤维面料手感柔软，悬垂性好，穿着舒适，吸湿性能、透气性能优于纯棉织物，莫代尔产品在现代服装服饰上有着广阔的发展前景。

4. 蚕蛹蛋白纤维

蚕蛹蛋白纤维是近年开发的新型蛋白复合纤维，它是采用化学方法提取蚕蛹，制得纺丝用蛋白质，再在一定条件下将其与黏胶纺丝原液共混，经纺丝加工而制得。

蚕蛹蛋白纤维织物具有蚕丝的手感和风格，且在染色性、悬垂性、抗折皱性和回弹性等方面优于蚕丝。该纤维富含 18 种氨基酸，可促进新陈代谢，并具有止痒、抗紫外线辐射等功效，可适用于针织及高速织机，除单独使用外，还可与真丝、人造丝、涤纶、氨纶等多种纤维交织，是制作高档内衣、T 恤衫和春夏时装的理想面料。

二、新型合成纤维

1. PTT 纤维

PTT 纤维即聚对苯二甲酸丙二酯纤维，一种新型的聚酯纤维。由美国首先研制成功。PTT纤维兼有涤纶和锦纶的特性，防污性能好，易于染色，手感柔软，弹性回复性好，具有优良的抗折皱性和尺寸稳定性。可用于开发高档服装和功能性服装。

2. PBT 纤维

PBT 纤维即聚对苯二甲酸丁二酯纤维，一种新型的聚酯纤维。PBT 纤维手感柔软，耐化学药品性、耐光性、耐热性好，拉伸弹性、压缩弹性极好，弹性回复率优于涤纶，上染率高，色牢度好，并仍具有普通聚酯纤维所具有的洗可穿、挺括、尺寸稳定等优良性能。PBT 纤维的弹性与氨纶相同，但价格比氨纶便宜。近年来在弹力织物中得到广泛应用，用于制作游泳衣、体操服、弹力牛仔服、连裤袜、医疗上应用的绷带等。PBT 纤维可与其他纤维混纺，也可用于纺制复合纤维。

3. PEN 纤维

PEN 纤维即聚对苯二甲酸乙二酯纤维，一种新型的聚酯纤维。它与 PTT 纤维、PBT 纤维一样，由同类聚合物纺丝而成。PEN 纤维高模量、高强度，抗拉伸性能好，尺寸稳定性好，耐热性好，化学稳定性和抗水解性能优异。与常规的涤纶相比，在力学性能和热学性能等方面都比较突出。PEN 纤维不仅是一种理想的服用纺织新原料，在产业用纺织品方面也有着广阔的发展前景。

4. 复合纤维

复合纤维是由两种或两种以上的聚合物或者是性能不同的同种聚合物复合而成的纤维，其复合的方式各有不同，常见的双组分复合纤维的截面结构有并列型、皮芯型以及多层型等，如图 8-1 所示。两种或两种以上纤维复合可扬长避短，优势互补。可制成永久卷曲、易染色、难燃、抗静电、高吸湿等特殊功能的纤维。已有的产品有高吸水性合成纤维 Hygra、热塑性纤维（ES 纤维）等。ES 纤维已广泛用于服装的非织造布、热熔衬、填充材料等。

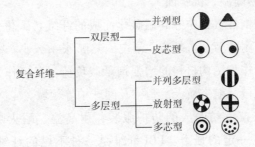

图 8 - 1　复合纤维几何形状

5. 异形纤维

常规合成纤维的截面一般为圆形，经一定的几何形状（非实心圆型）的喷丝孔纺制的具有特殊横截面形状的化学纤维称为异形纤维。纤维的截面变形后，其手感、外观光泽等发生变化，如图 8 - 2 所示。

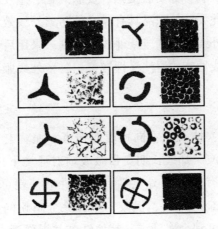

图 8 - 2　异形纤维截面和喷丝孔板形

变形三角形纤维可做仿丝绸、仿毛织物；异形中空纤维保暖，可做絮片，混纺做毛料；三角形截面纤维具有闪光效应，可以制作毛线、围巾、春秋羊毛衫、女外衣、睡衣、晚礼服等，所有这些产品均有闪光效应。

第三节　功能性纤维服装材料

一、防护服装材料

1. 耐热阻燃防护纤维

（1）用碳素纤维和凯夫拉（Kevlar）混纺制成的防护服装，人们穿着后能短时间进入火焰，对人体有充分的保护作用，并有一定的防化学品性。

凯夫拉（聚对苯二甲酰对苯二胺纤维）为芳族聚酰胺纤维，我国称芳纶 1414。强度高，是钢丝的 5~6 倍，并能耐高温、抗腐蚀。

碳纤维是有机纤维在惰性气氛中经高温碳化而成的纤维状碳化合物，碳纤维重量轻、强度高、耐高温、耐腐蚀、耐疲劳、抗蠕变、导电、热膨胀系数小。碳纤维面世后，各国竞相研制改进。碳纤维既可以作为结构材料的增强剂承载负荷，又可作为功能材料发挥作用，现已广泛应用于防护服、机械、航空航天、鱼竿及网球拍等领域。

（2）PBI 纤维与凯夫拉混纺制成的防护服装，耐高温、耐火焰，在温度为 450℃ 时仍不燃烧，不熔化，并保持一定的强力。PBI 纤维是一种不燃的纤维，其耐高温性能比芳纶更优越。它有很好的绝缘性、阻燃性、化学稳定性和热稳定性。同时 PBI 纤维的吸湿性比棉花更好，能满足生理舒适要求。PBI 纤维织物可作为航天服、消防队员工作服的优良材料。

2. 防紫外线辐射纤维

紫外线具有杀菌消毒的作用，它可以促进维生素 D 合成并抑制佝偻病的发生。但如果紫外线吸收过量，也能够引起疾病，如皮肤变黑、皮肤老化、患皮肤癌等。普通衣物目前还达不到防护紫外线的要求，因此要使纺织品具有满意的防紫外线效果，必须对其进行防紫外线加工。在纺丝过程中加入紫外线吸收剂或紫外线反射剂；采用后处理技术将紫外线防护剂附于织物上。一般后者防紫外线性能的耐洗涤性较差。防紫外线服装材料还有遮热功能，可开发夏季凉爽服装。

3. 防电磁波辐射纤维

过量的电磁波辐射会对人体产生不同程度的伤害。随着电子产品的应用越来越广泛，人们越来越频繁地接触电磁波，那些长期在强微波辐射环境下作业的人员，受到的电磁波危害就更大。当纺织材料具有较好的导电性、导磁性时，就可以达到防电磁波辐射的目的。防电磁波辐射织物可用金属材料，但较笨重；涂金属粉的服装透气性差、不易洗涤、质地僵硬、穿着不舒适，也可利金属纤维与其他纤维共混纺丝纱，其织物具有较好的柔软性、耐洗性。

4. 防弹服材料

防弹衣的服用性能要求一方面是指在不影响防弹能力的前提下，防弹衣应尽可能轻便舒适，人在穿着后仍能较为灵活地完成各种动作；另一方面是服装对"服装—人体"系统的微气候环境的调节能力。

第一代防弹衣为硬体防弹衣，主要用特种钢、铝合金等金属作防弹材料，服装厚重，穿着不舒适，易产生二次破片。第二代防弹衣为软体防弹衣，通常由多层凯夫拉等高性能纤维织物制成，其重量轻且质地较为柔软，适体性好，穿着也较为舒适，但被子弹击中后变形较大，可引起一定的非贯穿损伤。第三代防弹衣是一种复合式的防弹衣。通常以轻质陶瓷片为外层，凯夫拉等高性能纤维织物作为内层，是目前防弹衣主要的发展方向。

二、医疗保健服装材料

1. 远红外线保健纤维

远红外线保健纤维是将陶瓷粉末或二氧化钛等添加到纤维中，使纤维产生远红外线，可渗透于人体皮肤深部，产生体感温升效果，起保温保健作用。远红外线保健织物具有吸收外界光线和热量、抑制病菌、促进血液循环的作用，它对妇女有活血杀菌之益，对老年人有延年益寿之功。可用来开发保健蓄热产品、医疗用品、内衣、贴身保暖服、床上用品、抗菌除臭袜等。

2. 利用药物和植物香料制成的保健纺织品

为满足消费者崇尚自然和卫生保健的需求，日本钟纺公司推出多种用中草药、植物香料、薄荷、啤酒花、茶叶树茎、肉桂香料等制成的天然染料和处理剂，用来处理天然纤维（棉或毛）并制成内衣裤、袜子、床上用品等，从而形成抗菌、防臭、防螨虫、防霉、防病的系列卫生保健纺织品。这种纺织品比化学处理的纺织品售价要高出 10%～20%，但颇受消费者欢迎。

3. 抗菌纤维

纺织品获得抗菌防臭功能的途径，可以通过开发本身具有抗菌性能的纤维，即天然抗菌纤维，如甲壳素纤维；或者将抗菌剂混入纺丝母粒中制造抗菌纤维，也可以通过对织物进行抗菌整理。

（1）甲壳素纤维。甲壳素是地球上仅次于纤维素的数量第二大的天然有机化合物，它主要由动物生成，广泛存在于甲壳纲动物虾和蟹的甲壳、昆虫的甲壳中。甲壳素纤维具有良好的生物医学性、抗菌、消炎、止血、镇痛、促进伤口愈合等功能，广泛用于制造特殊的医用产品；同时可生物降解，不会污染周边环境，所以甲壳素纤维又被称为绿色纤维。可应用于非织造布，军用内衣、床品、袜子，手术缝合线等。

（2）共混型抗菌纤维。共混纺丝法是将抗菌剂和分散剂等添加剂与纤维母体树脂混合，通过熔融纺丝、干法纺丝或湿法纺丝来生产抗菌纤维。采用熔融法生产的抗菌纤维包括涤纶、锦纶、丙纶等。

三、吸湿排汗服装材料

吸湿排汗纤维是利用纤维表面微细沟槽所产生的毛细现象使汗水经芯吸、扩散、传输等作用，迅速迁移至织物的表面并发散，从而达到导湿快干的目的。吸湿排汗聚酯纤维可以通过物理改性法、化学改性法制备。常见的种类有以下几种。

（1）三叶形截面纤维。织物手感粗糙、厚实、耐穿，比较适合外衣织物。

（2）Y 形截面纤维。织物重量轻、吸水吸汗、易洗速干；与皮肤接触点少，可减少出汗时的黏腻感。

（3）星形截面纤维。织物光泽柔和、手感滑糯、轻薄、挺爽，保暖性好。

（4）王字形纤维。长丝截面呈王字形形状。由于王字形截面中的强烈的四通道，具有超强的毛细虹吸效应，且在后加工过程中，具有良好的保持度，从而使由该纤维制成的面料具有优良的吸湿排汗功能，其与肌肤接触时倍感自然、干爽、柔软舒适。

（5）Coolmax 高去湿四沟道聚酯纤维。Coolmax 高去湿四沟道聚酯纤维具有优良的芯吸能力，将疏水性合成纤维制成高导湿纤维，将高度出汗皮肤上的汗液用芯吸导到织物表面蒸发冷却。四沟道涤纶应用于运动服装、军用轻薄保暖内衣特别有效，保持皮肤干爽和舒适，并且具有优良的保暖防寒作用。

（6）十字截面聚酯纤维。十字截面聚酯纤维有四个沟槽，当水珠滴落在上面时无法稳定滞留，沟槽产生加速的排水效果，人体的汗液利用纱中纤维上的细小沟槽被迅速地扩散到布面，再利用十字形截面产生的高比表面积，使水分被快速地蒸发到空气中。十字形截面还使纱具有良好的蓬松性，使织物具有良好的干爽效果。

四、保暖服装材料

保暖有两种途径，一种是尽量保持热量；另一种是用某种方法取得热量。按照这两种途径，保暖材料有两大类，一类是蓬松保暖材料，主要是中空纤维和卷曲纤维，纤维材料和纱线中含有的空气越多，保温效果越好；另一类是蓄热保暖材料，包括远红外纤维。

1. 高中空度纤维

一般保暖性能好的天然纤维，如羊毛、木棉、羽绒等都具有空腔，特别是木棉，中空度高达 90%。一般化学纤维通常是非空芯结构，保暖性也就差得多。中空纤维，尤其是中空长丝，可以使纤维富含不产生对流的滞留空气。近年来，开发的中空纤维（长丝、短纤维）品种繁多，如单孔、双孔、三孔、四孔、七孔、九孔和多孔等中空纤维，它们都是依靠提高中空度来增大滞留空气量，以使产品达到更轻、更暖的效果。高中空度纤维不仅可用做秋冬季衣料，还可用做被盖絮棉。不仅具有良好的铺层性，被盖的保暖性与羽绒被相当，而且价格便宜，对人体无害。

2. 异形中空纤维

这类纤维一般指三角形和五角形中空纤维。可以用来织造质地轻柔、手感丰满的中厚花呢等仿毛类织物，有较高耐磨性、保暖性、柔软性的复丝长筒袜，具有透明度低、保暖性好、手感舒适、光泽柔和的各种经编织物。另外，用异形纤维参与混纺织制仿毛织物也能够获得较好的仿毛效果。如用三角中空涤纶短纤维、普通涤纶和黏胶纤维三者混纺后，其仿毛感、手感和风格都优于普通涤黏混纺织物。

第四节　新型纤维服装材料的未来

近一个世纪以来，纺织服装行业的从业者一直对各类纤维材料存在的缺陷十分关注，并努力寻找解决的办法。近期，虽然有了长足的进步，但随着人口的不断增长，对物质需求的提高，环境破坏的日益严重，自然资源的不断流失，纤维这种不断消耗的资源终将成为未来发展中必须解决的问题。人类应该更多地关注已有纤维的使用和再生利用；可持续天然纤维的开发应用；低能耗、清洁化纤维的加工，总体来说就是要关注大批量服装用纤维资源的可持续性。

一、在天然纤维材料方面

开发新的、可持续的天然纤维材料是十分重要的。天然纤维材料本身具有鲜明的生态性优点，但是其可持续性是最难解决的问题。所以，对新的、可持续的天然纤维材料的界定不是没有使用或者很少使用的纤维，如天然彩色棉、罗布麻、香蕉植物纤维和竹纤维等，而是人们熟知并在使用的纤维，如羊毛，黄、红麻，竹纤维，转基因棉花，陆地棉种，高性能天然蜘蛛丝，超细和直径小于 15 微米的极细羊毛等，此类纤维的使用处于最原始或者较低水平，在此类纤维的培育及加工技术上很容易也很有可能进行突破，成为新的、可持续的天然纤维材料。

以上提到的人们熟知的纤维材料主要是行业内大量长期使用的，从业者对其特点、性能、优点、缺点已经十分清楚，所以，如何提高其性能、改良其缺点将会是人们未来重点关注的问题。目前，改进的技术只停留在初级阶段，如麻的柔软化加工，棉的丝光处理、羊毛的防毡缩整理、棉麻的抗皱整理、天然丝的变形处理、等离子体表面处理和生物酶处理技术的应用等，这要比化学纤维材料的发展缓慢得多。

人们仍然还在不遗余力地发现新的纤维物种和开发利用稀有、特殊类纤维，以及将原来种植或饲养可产纤维的物种进行改良、再造，以获得新的性状或更高产量的纤维，这两种方式是天然纤维材料发展的主要方向。但是，这两种方式都存在问题，发现新的天然纤维材料听起来很容易，它的存在也很广泛，但是大部分的天然纤维材料只能小范围内有限利用。改良、再造物种目前只停留在农业与畜牧业的发展中，与纺织服装材料科学的交流很少，缺乏纺织行业的要求与指导。

二、在再生纤维材料方面

现在，天然生长的纤维需要解决的问题很多，比如，天然纤维因其特征无法用于或者不能直接用于服装用纺织品，天然纤维在使用的过程中废弃物品的再生利用等。目前，人们已经掌握了纤维素纤维的再生利用的技术，如棉浆、木浆、海藻浆以及近年的竹浆、麻浆的制备和再生纤维加工，甚至可以进行溶剂全部回收的纤维素的清洁加工。

单纯或高含量比的再生蛋白纤维加工进展缓慢而艰难。人们也开始研究角蛋白、丝蛋白、植物蛋白以及废弃奶制品、酪素的再生利用和纤维的成形加工，人们对天然淀粉类物质如玉米、小麦和谷类的利用也有很大的发展，主要以聚乳酸（PLA）纤维为主。聚乳酸纤维具有较好的悬垂性和舒适性，亲水性一般，悬垂性、舒适性较好，有卷曲，卷曲持久，回弹性好，可用分散性染料染色，抗紫外线、可燃性低、发烟量小，在服装、家用、卫生医用等领域有很好的应用前景。

人们还对甲壳素含量高的虾、蟹废弃壳提取加工，制成甲壳素纤维。甲壳素和壳聚糖为线型大分子，均可制成纤维。由于其生物相容无抗原、广谱抗菌、防腐、止血、生物可降解，是极理想的生物医用和高档舒适内衣的纤维材料。

总之，再生纤维方面人们较系统地关注了天然纤维和天然高分子物质，而忽略了目前占纤维总量一半以上的合成纤维。人类每年消耗的天然纤维与合成纤维相当，天然纤维较易自然降解，污染小，且人们已经在实施再生利用。而合成纤维却难以降解，污染大。如其回用或再生利用不解决，不仅是资源的极大浪费，而且会污染环境。因此，合成纤维的再生利用，即"再生合成纤维"必然成为未来发展的方向。

再者，如果将自然界产生和人类直接制造的纤维归为一类的话，那么再生纤维将是纤维分类中的另一大类。当生成天然纤维的自然资源匮乏或消失时，再生纤维将成为主角，其包括回用再生纤维和"溶解"或"熔融"再生纤维。显然制造再生纤维的资源将是人们现在极为浪费或不屑一顾的第一类纤维了。

三、在合成纤维方面

21 世纪的化学纤维，无论在产量还是品种方面都占优势，但目前生产的常规品种除发展中国家外不会有太大增长，而仿生化、功能化、高性能化纤维将是今后的发展方向。

仿生化纤维通过综合应用高分了材料改性技术、特殊的纤维复合加工技术和染色后整理加工技术，充分发掘材料的潜在性能，使其达到传统纤维所不具备的高感性、高风格。通过改变合成纤维的均一性，使其与天然纤维的不均一性更为接近。这类纤维有超细纤维，异形中空丝，多层复合纤维，表面微坑、沟糟和高比表面积纤维，长度方向随机不匀异形丝，异伸长及不同沸水收缩率长丝等。主要发展方向是增加这类纤维在合纤中的占有比及其品种数量。

功能化纤维是以高感知性、高吸湿性、高防水性、高透湿性、发光、发电、导电、导光、生物相容性、高吸波、高分离、高吸附、产生负离子、能量转换、自适应和自行修复等功能实现为目的。其纤维的综合性能从仿真到超真，最终达到智能和自适应。

高性能化纤维是高技术纤维的主体，原本是高强、高模、耐高温，而其发展是"三超一耐"，即超高强、超高模量、超耐高温，耐化学作用。由于新的有机合成材料的出现及聚合、纺丝工艺的改进，一些比现有纤维强度高几倍、几十倍的纤维将诞生。同时，超高模量、超耐高温性能也将大大提高。目前的主要代表是芳纶、超高强高模聚乙烯、高性能碳纤维、人工蜘蛛丝以及 PBO 纤维、碳化硅高性能陶瓷、碳纳米管纤维、聚苯硫醚（PPS）纤维等。这些纤维的制成品比铝轻，强度超钢，和真丝一样柔软，像陶瓷一样耐热、耐腐蚀。超高性能化是这类纤维改进的目标。

合成纤维由于在纤维原料的合成上形成突破，即人类能够将低分子合成为线型高分子，进而尝试各种物质的合成可能，完成了合成纤维的基本发展。人类可以遵循此道继续发现，但余地较小。而人类更多地转向通过调整分子链的凝聚态形式以获得较高性能纤维体；通过混合、嵌入、接枝、复合改变纤维的性能或功能，获得改性或功能纤维；通过改变纤维的形，包括外观形态与尺度和内部结构及复合，获得仿生或特殊效果的纤维，如差别化纤维、仿生纤维、结构复合纤维、纳米纤维。这些途径与方式仍有许多问题未解决，而人们孜孜以求的技术与结果，也是该类纤维发展之道。

综上所述，从应用角度来看，人类更多地关注资源丰富、生态的纤维和高使用价值、高产量的纤维。因此，服用、家用、产业用的大宗类和特殊类纤维及其获取与制造技术成为重点关注的问题。从纤维的发现角度来看，人类则在自然界不断地寻找新纤维和可制备纤维的资源，但这已变得越来越困难和不可能。从纤维的制造角度来看，人类已经能通过再生与合成的方法获取纤维资源，进而完成纤维的成形加工。但人类是否能在物质创造上走得更远，即人工合成有机物，进而形成长链分子物质来制造纤维；人类是否可以利用转基因技术，在生物界寻找"加工"纤维的生物体；人类是否可以更好地回收已有的纤维资源进行回用和再生的再利用……这些都是纤维发展的新途径，甚至可能是必然的途径。也就是说，今后的纤维发展依赖于制备纤维资源的保护与拓展，乃至创造。

☞ 思考题

1. 什么是功能纤维材料？列举三种以上。
2. 阐述三种新型化学纤维的性能特征以及应用。
3. 谈谈对纺织纤维材料发展趋势的认识与看法。

参考文献

［1］姚穆．纺织材料学［M］．4版．中国纺织出版社，2015.

［2］张一心．纺织材料［M］．2版．中国纺织出版社，2005.

［3］朱松文．服装材料学［M］．5版．中国纺织出版社，2015.

［4］于伟东．纺织材料学［M］．中国纺织出版社，2012.

［5］宗亚宁．新型纺织材料及应用［M］．中国纺织出版社，2009

［6］姚穆．纺织材料学［M］．3版．中国纺织出版社，2009.

［7］蒋耀兴．纺织品检验学［M］．中国纺织出版社，2008.

［8］范雪荣．纺织品染整工艺学［M］．中国纺织出版社，2006.

［9］杨建忠．新型纺织材料及应用［M］．中国纺织出版社，2011.

［10］朱松文．服装材料学［M］．4版．中国纺织出版社，2010.

［11］平建明．毛纺工程［M］．中国纺织出版社，2007.

［12］中国纺织总会标准化研究所．中国纺织标准汇编基础标准与方法标准卷（一）～卷（四）［S］．中国
　　　标准出版社，2000.

［13］朱进忠．纺织标准学［M］．中国纺织出版社，2007.

［14］徐蕴燕．织物性能与检测［M］．中国纺织出版社，2007.

［15］李汝勤．纤维和纺织品的测试技术［M］．东华大学出版社，2005.

［16］黄翠荣．纺织面料设计［M］．中国纺织出版社，2008.

［17］郁崇文．纺纱学［M］．中国纺织出版社，2009.

［18］顾平．织物组织与结构学［M］．中国纺织出版社，2010.

［19］朱苏康．机织学［M］．中国纺织出版社，2008.

［20］潘峰．现代毛纺技术［M］．中国纺织出版社，2017.

［21］郭秉臣．非织造技术产品开发［M］．中国纺织出版社，2009.

［22］龙海如．针织学［M］．中国纺织出版社，2004.

［23］张荣华．纺织实用技术［M］．中国纺织出版社，2009.

［24］王璐．生物医用纺织品［M］．中国纺织出版社，2011.

［25］伍天荣．纺织应用化学与实验［M］．中国纺织出版社，2003.

［26］刘吉平．纺织科学中的纳米技术［M］．中国纺织出版社，2003.